忆见未来
记忆如何影响你的一生

［德］汉娜·莫妮耶 | 马丁·盖斯曼 ◎著
（Hannah Monyer）（Martin Gessmann）

常暄◎译

DAS GENIALE GEDÄCHTNIS
Wie das Gehirn aus der
Vergangenheit unsere Zukunft macht

中国人民大学出版社
·北京·

图书在版编目（CIP）数据

忆见未来：记忆如何影响你的一生/（德）汉娜·莫妮耶，（德）马丁·盖斯曼著；常晅译．—北京：中国人民大学出版社，2017.8
ISBN 978-7-300-24365-8

Ⅰ.①忆… Ⅱ.①汉…②马…③常… Ⅲ.①记忆学-研究 Ⅳ.①B842.3

中国版本图书馆 CIP 数据核字（2017）第 084484 号

忆见未来
记忆如何影响你的一生

[德] 汉娜·莫妮耶（Hannah Monyer） 著
　　 马丁·盖斯曼（Martin Gessmann）
常　晅　译
Yijian Weilai

出版发行	中国人民大学出版社
社　　址	北京中关村大街 31 号　　　邮政编码　100080
电　　话	010-62511242（总编室）　　010-62511770（质管部）
	010-82501766（邮购部）　　010-62514148（门市部）
	010-62515195（发行公司）　010-62515275（盗版举报）
网　　址	http://www.crup.com.cn
	http://www.ttrnet.com（人大教研网）
经　　销	新华书店
印　　刷	北京联兴盛业印刷股份有限公司
规　　格	148 mm×210 mm　32 开本　　版　次　2017 年 8 月第 1 版
印　　张	8.25 插页 2　　　　　　　　　印　次　2017 年 8 月第 1 次印刷
字　　数	145 000　　　　　　　　　　　定　价　49.00 元

版权所有　侵权必究　印装差错　负责调换

Das geniale
Gedächtnis

前　言

"鱼鸟相恋，何处筑巢？"有一次，当我们随口提及要合作写一本书的时候，一位同事提出了这样的疑问。然而，这句来自动物世界的生活智慧给了我们勇气。他说得对：的确，哲学和神经生物学在人们眼中很难携手开展学术合作。众所周知，哲学喜欢抽象的思维方式，从宏大的、概念的高度去逼近研究的问题。而神经生物学正相反，如同医学研究一样，它停留在研究对象本身，此外它的特殊就在于所谓的"每况愈下"，去关注研究对象的最细微之处。实际上从两个学科的名称来看就已经很明了了，神经细胞（neuro），它作为神经生物学这个词的前缀，是生物和医学研究领域的最初始的原子。于是乎我们可以这样认为，哲学和神经生物学一个在天上，高高地飘在事物的上方，而另外一个则总是沉浸在事物之中。像偶尔出来换口气一样，两者在研究间歇匆匆一会或许有可能，但更多的接触恐怕就很难再有了。

然而随着神经科学越来越多地把脑研究置于关注的中心以来，

两者就不得不越走越近了。哲学总是致力于研究人类的精神是什么以及它是如何运作的，而脑研究则需要我们具体地想象这些东西——比如对于某些特定的现象，在大脑中究竟有着什么样的过程。关于意识的本质以及逻辑思维的起源的宏大经典问题就有了两种截然不同的研究范式。

我们今天可以读到很多关于神经研究的话题，其中很多还都只是碎片化的成果。关于这个话题已经涌现了大量的研究，研究人员的实验也设计得异常精良，以求获取真知。在本书的八个章节中，我们虽然也将不无激情地报告这些研究结果，但是迄今为止的研究仍然缺乏一个更宏观的视角，从整体和全局上来思考问题，以实现将大量特殊的单个的研究成果整合起来的目的。同样地，哲学对于关于大脑的医学和实证研究也无多少裨益。关于人类精神的理论，特别是英美哲学家们提出的东西，从根本上说已如明日黄花，因此当下正是一个转变思维方式的契机。

于是我们两个——一个神经生物学家和一个哲学家——就在考虑，脑研究和哲学如何能够携起手来，从大处着眼，而非迷失在细小问题的逐个讨论之中，为当下的问题寻求解决之道。我们迅速发现只有一个现象有着足够的涵盖能力，可以将我们的期许统统纳入进来：我们的记忆。与我们通常想象的不一样，记忆并不是一个场所，我们把记忆的内容或者能力存放在这里，以期在此后的某个时

前 言

候需要用到它们。它是一个发生着一切关乎加工和整理记忆内容的令人惊讶的事情的空间。如果沿着它的踪迹寻觅至最后,我们很快就会发现,如果记忆不起到决定性的预备工作的话,人们根本无法思考和感受,无法考虑和计划。如果愿意的话,我们甚至可以把它称之为灰色的幕后老板,当我们在前台认为自己根据事情的发展状况做出决策,又或是不需要做多少准备就能够解决问题的时候,其实是它把那根提线牢牢地攥在手中。

在各自的研究中,我们很久以来就已经相互独立地得出了相同的结论。

汉娜·莫妮耶(Hannah Monyer)的兴趣一直在于研究大脑中使我们在空间中定位以及找到方向的过程。她的研究的重要洞见是,人们并不能简单地把我们的空间记忆理解成是一份图像的档案,而更应该理解成一个高度活跃的导航系统:记忆因此拥有一种不仅可以回溯过去,同时还能够向前看——向着那个我们要去的地方看的能力。

马丁·盖斯曼(Martin Gessmann)长期以来在另外一种思考的方向上从事研究:他是一位分析和阐释过去的(宏大)文本或技术问题的专家。越多地致力于对过去的研究,就越能清楚地发现,我们的文化只有在敢于向前看的时候才能开始说话。如果我们想理解过去,就必须展望未来。

两个方面，一个目标。当我们一下子弄明白了那位同事提出的不无戏谑的问题后，剩下的就是把一切都记录下来，或者说我们共同构筑科学的爱巢。

Das geniale
Gedächtnis

目 录

引 言 / 1

第 1 章 记忆革命

规划未来的记忆为何总是处在事件之前？/ 17

第 2 章 睡觉时做梦和学习

我们如何成为我们想成为的样子？/ 57

第 3 章 高效的梦

根本不需动手指就在进行训练 / 101

第 4 章 想象和虚假回忆

我们的记忆会坦率地欺骗我们吗？/ 125

忆见未来

第 5 章　情感的记忆

为什么我们对童年和初恋的回忆那么美好,而又久久不能忘记咬过我们的狗呢？/ 147

第 6 章　记忆和变老

遗忘是人性的,并助我们前行 / 171

第 7 章　集体记忆

大脑的联网以及为什么我们所有人都知道小红帽 / 201

第 8 章　人类大脑工程

将来记忆可以上传吗？/ 219

结语　精巧的记忆在未来将如何？/ 231

注　释 / 237

Das geniale Gedächtnis

———

引　言

每个人都经历过这样的时候：我们面临着一个复杂的情况或者需要做出艰难的决定，于是我们把前前后后都想得很透彻，每个细节也都反复思量。我是走这条路好呢，还是走那一条？现在应该结婚，还是再等等呢？应该学这个专业，还是别的什么呢？很多很多，甚至类似于生活中下次去哪儿度假这种问题。每个人或许也都曾经经历过，当我们遇到上述类似情境时，最终的选择却以一种极为简单的方式做出。也许是出于某个什么一时甚至还无法全部洞悉其奥妙的原因，我们就突然之间有种豁然开朗的感觉，一下子知道了我们需要的是什么，以及该如何去做。最美妙的情形莫过于，第二天清晨醒来，在喝第一杯咖啡的时候，我们的头脑中已然有了解决的方案。突然之间，不需要再做什么其他的工作，我们就知道了问题该如何解决，原来在我们看来很棘手的事情，现在也一下子清晰地呈现在眼前了。这听起来是如此神奇，有时甚至令我们自己也感到无比惊讶；我们绝大多数时候会从中获益，并且不会选择无

引 言

视这种突然的洞察。一段时间之后,当我们再次回顾就会发现,当时的情况下做出的判断非常准确,而从事后的效果来看,也再也没有比这更好的情形。若没有依从自己的看法,至少一直会存在着挥之不去的疑惑,我当时是否应该倾听自己内心的声音呢?

这种对事物的洞察是从哪里来的呢?这又是一种什么样的特殊力量,能如此无声无息,却又成果斐然地决定我们的生活?我们是从哪里得到的启发,它像天才的恶作剧一样赋予我们洞察最复杂的情境的能力?

本书中我们将介绍一个令很多人可能意想不到的东西:我们的记忆。通常情况下,我们认为记忆负责的是另外一些东西,比如我们突然想不起来某件事情了,或是当我们脑中一片空白,又或是我们接到邀请去做客时突然忘记主人家的孩子叫什么名字。然而记忆对于我们的成功有着举足轻重的作用的事实,却长时间以来并不为人们所知。直到诸如阿尔茨海默症以及一些其他老年性失忆症病例越来越普遍的时候,我们才认识到,失去记忆,我们将寸步难行,而此时的记忆力也并非和我们开个小玩笑,而是扔下了它的重要任务,真的渐渐离我们远去了。最后,我们痛苦地认识到,没有记忆,我们的生活从根本上将一无可能。最后剩下的不过是一片虚空。

几乎总是疾病或者事故造成的后果给我们的研究开辟了新的道路,让我们能够认识到记忆在多大程度上使我们可以掌握我们的生活。其中著名的例子有2008年去世的患者亨利·莫莱森（Henry Molaison，过去只缩写为H. M.）。[1]因为该患者患有癫痫，所以上世纪50年代初时，决定为他手术治疗。治疗需要把中部颞叶组织的一部分去掉。手术的干预还波及了海马体，这一区域自此引起了学界的极大兴趣。因为医生们发现，患者不再具有形成新的记忆的能力，也就是说，在手术之后经历的事情，莫莱森记不起来了。此后认识的人，对他来说都是一次全新的体验，因为他再也无法想起什么时候曾经在哪里见过他们。后来一些电影里也采用了类似主题，主人公因此不断地重复地爱上一个已经与之相处了很久的人，比如电影《美丽心灵的永恒阳光》（*Eternal Sunshine of the Spotless Mind*）。

最近几十年以来，记忆研究飞速发展，首先因为高科技的手段和技术允许研究者将观察和研究推进到单个的神经细胞乃至其发出的电信号的水平。此外，分散在世界各地的科学研究者也更好地形成了研究的网络，从而更系统和全面地对记忆进行研究。只举一个例子来说明当前研究的发展所达到的程度：大约50年前，后来的诺贝尔奖得主埃里克·坎德尔（Eric Kandel）开始从事加州海兔的最简单的记忆形式的研究。这种学名被称为Aplysia californica的海蜗牛大约有2万个神经细胞。而且在研究中只涉及一个简单的反射。今天，单在欧洲就支出了超过10亿欧元的科研经费，借助于计算机

引 言

来建立一个与人脑有着可比性的模型（我们将在第 8 章详细阐述）。我们需要认识和了解的神经细胞个数大约是 1 000 亿个，而这些神经细胞之间形成的连接大约是 100 万亿个——万亿这个单位意味着 1 后面还有 12 个零。

同时，长期以来的研究关注于基础工作。当时主要在于理解在细胞层级上记忆的最小组成单元的产生机制。近 20 年以来，研究更多地关注其复杂的关联性，也就是说去充分测试其特定功能和网络系统的协同运作。于是我们的记忆就不再像以前人们普遍认为的那样被简单地视作一个储存器，我们仅仅是把记忆的内容放在里面。研究更好地帮助我们了解，记忆是如何帮助我们掌控自己的生活的。

在现有认识的关照下，我们想在本书中告诉大家，现在正是重新评估我们的记忆的时刻。我们想证明，我们一直以来都低估了记忆的作用，并且我们需要用一个全新的认识视角来重新认识它。记忆不再仅仅和过去发生关联，同时它也关涉未来。记忆的作用不仅是一个抽屉，把经历过的事情放在里面，存放起来，它还不断地进行重新加工，并随时为了将来可用。记忆遵循的根本原则是向前看，即使它正在处理的是我们经历过的，并且认为已经完成了的事情。所以说，我们关于记忆的认识要有一个根本性的转向和革命性的突破。我们需要理解的是，记忆的主要任务在于对生活的规划，并且也没有任何其他一种人类的能力像记忆那样复杂且面临着不断变化的新的任务。最终记忆就是从经历过的纷繁芜杂的过往中抽取出对未来值得期待的前景。

我们在第1章中首先提出根本性的问题：记忆研究中哪些新的认识为我们的思维范式转换提供了证据。我们将从最简单的学习过程开始，然后接着去追溯这些记忆的痕迹后来怎么样了。它是不是就一直如同我们曾经的经历，并且放在某处那样呢？我们是否确定，能够精确地唤起为了今后的某个目的而储存起来的东西呢？我们将会发现，在最初始的加工步骤中情况已经不像我们愿意相信的那样——记忆的动作并不是像我们习以为常的计算机那样。比如我们的记忆不可能像电脑那样，按下一个按钮，然后整本书的信息内容就在一秒钟之内迅速地下载下来。我们有着各种各样的限制，它与我们学习过程中特定的时间管理有关。我们的大脑中可以同时拥有多少单位信息呢？什么时候开始我们就被信息过载了？我们不仅要给出答案，还要解释为什么情况必然是这样的。第1章最后，我们还试图做出展望：我们已经从整体上观察，并且知道了记忆的组织和安排后，新的认识意味着什么？新的研究成果如何能够帮助我们在生活中更好地让一切尽在掌握？并且首先是：在面对过往这个事情上，其中属于人类特有的特点在哪里？

在第2章中，我们把关注的目光从白天学习和储存知识转移到了夜晚。我们开始讨论各种形式的梦境。如果说记忆在这个时候表现得非常克制，并在后台默默工作的话，那么我们透过舞台的布景去观察记忆在背后到底做了些什么，最终将是一笔不小的收益。科学家们也正在用新的实验方法来观察所谓的新的"通道"进入到参与到梦境的脑部区域，由此实现对大脑活动的直播呈现。首先要告诉大家的就是，在深度睡眠过程中大脑中发生的事情远远比我们凭经验猜测到的要多很多。还可以预告一下的就是，这些活动过程与我们的学习息息相关，特别是长期学习。

接下来的研究中，人们还对那种我们醒来以后还能很清楚地回忆内容的梦境做了研究。这种梦境也是传统的解梦术的重要题材。在这里我们将看到，新的研究结果说明我们有必要转变一些观念。是不是说，即便梦境看起来多么奇怪，我们也应该脚踏实地地来审视它？我们会为此找到一些好的理由。

梦境的研究还没有结束。脑科学研究还发现了可以改变我们梦境的东西。也就是说，科学研究正在试图用实验方法来让我们成为梦境的一位合作导演。有些特别有天赋的人甚至不需要借助任何技术手段就可以达成这一目的。对于我们每个普通人来说，这等于是有了新的干预到以往我们只能听天由命的梦境内容中去的可能性。这给我们带来什么样新的契机，我们可以从第 3 章中找到答案。在这里只先说一句：每个运动员都梦想着可以不用动手指就可以达到训练效果。

在梦境中，我们还可以幻想在现实中完全没有发生过的事情。但是这在大白天头脑清醒的时候也可以吗？第 4 章中，我们将讨论虚假记忆的问题。这里说的并不是偶然的错误记忆，也不是在一种不利条件下自然发生的失误。我们要讨论的是：人们能不能有意识地去欺骗自己，伪造记忆。人们能否说服自己一些事情，以至于最终真心确信自己所编造的谎言？

脑科学在记忆研究方面越发展进步，就越能清楚地认识到，记忆是由多个网络结构组成的，因而并没有一个统一的记忆能力。于是在第 5 章中我们会讨论到一种如同是过去的记忆残存物的记忆形式，这就是感觉以及它在我们记忆中存留的方式。为什么我们很难摆脱负面经历的记忆以及我们为何很难忘记那些令我们不快的东西？为什么失恋的痛苦如此折磨人？为什么痛苦的经历不容易忘记？当然还有很多记忆是伴随着很多积极和正面的经历的，比如童年的回忆。这些记忆对我们来说意味着什么呢？当我们再一次回到童年记忆中的某个场景时会怎么样呢？这时，我们宛如开启了一次时间之旅，追随着大作家普鲁斯特（Proust）的笔触来追寻那种感觉。我们是不是可以闻到过去的味道？

在睡梦中学习或者通过时光之旅回到我们童年的领地固然都很好，但却是有着更高要求的脑科学研究的附属产品。科学家们还很关心记忆在我们的生命进程中是如何发展，同时又是如何陪伴我们

引 言

进入老年的。在这方面，日常生活中非常典型的事例就是我们是多么轻信固有的印象，从而大大低估记忆真正的能力。当我们上了些年纪，看东西需要戴老花镜的时候，我们就对我们的记忆力随之减退的事实深信不疑。如果有一次我们不小心乱放了钥匙，花了一刻钟时间到处寻找，于是我们就向自己发出警报，并在网上搜索可信的记忆测试。不小心忘掉一次约会，我们就会问自己，记忆还有多长时间就必须要退休了？当一位女同事和你打招呼寒暄，问起中午食堂的饭菜是否可口，你只好和她虚与委蛇几句，然后心中无比失落，因为你已经完全记不清楚中午都吃了些什么。我们试图告诉读者，这些所谓的误事以及记忆的缺口都只不过是些无足轻重的东西，我们也完全不必太在意。或者说我们只需要知道，记忆关注了更为重要的事情，而钥匙当时放在哪里了、数十个约会中的一个以及某顿午餐的质量如何等这些小事完全不值得记忆特别关注，因此被忽略和遗忘也完全是非常正常的事情。

我们试着用假设命题来表述一下：记忆会根据我们真正的需要来调整自己，并且它是非常高效的。随着我们年龄的增长，我们面临的任务可能也会相应更加艰巨，记忆也就慢慢把关注的重点转移到那些更重要的事情上来，也就是那些格外需要关注并需要记下来的事物间更重要的关联性。

第 6 章中我们谈到了老龄问题，它也给我们带来了勇气。今天的脑科学研究证明，大脑的潜力是完全存在的，同时我们也可以充分利用好这些潜力。我们想告诉大家的就是，我们都需要些什么才能发挥出潜力以及市面上流行的记忆训练方法还有哪些待补充之处：我们在生活中必须真的要决定做些什么。没有真正的动机是很难发挥出创造力并取得进展的。

第7章中，我们进入到一个崭新的世界中。在这里，记忆研究打开了一个全新的维度。我们在这一章中讨论集体记忆的话题。我们试图弄清楚，一个个体的记忆与另外一个个体的记忆之间有着什么样的关系。多个个体记忆之间能否累加或者连接起来。这样一来，我们个体的记忆就成了一个更广泛的网络——一个超级记忆——的一个环节。这一观念的神奇之处在于，我们有的时候能够知道一些我们自己完全没有亲自积极主动学习过的东西，但那些东西看来似乎就存储在那里了。似乎每个人都知道小红帽是谁，即使他根本没有读过这个童话故事。我们试图在书中解释为什么会出现这样的现象。

本书的最后一章中，我们和大家探讨了当前脑科学研究中蕴藏的无比巨大的前景，以及我们如何来对待这些可能性的问题。我们有用技术方法来提升记忆的可能性，并且科学家希望将来能够完全把记忆转移到机器上面。在相关问题上，美国软件开发专家和作者们的期望最为大胆。在他们眼里，人类的精神已经可以以机器人的

引言

形式在宇宙空间中到处漫游,并且用我们的技术和文化使整个世界都充满惊喜。而在我们欧洲,人们相对就更为小心谨慎,当然也就更有怀疑态度。我们担心拥有人类记忆的机器人很快就会过上自己的生活。这种情况对于人类并不一定是好事情。我们会顺着这个思路进行一些思考。

关于读者们在本书中可以读到的主要内容,前面已经介绍的足够多了。我们的目的也并不在于要像写学术论文一样把当下的研究现状一一罗列出来。我们更多的是想为读者们开启一个关于记忆的全新认识,重新认识它的特点以及它承担的任务。我们想要做的正是消除人们一直以来关于记忆的一些错误的理解,即我们认为记忆不过是负责过去的事情,是储存数据和信息的容器。与之相反,我们认为,记忆是未来的规划者,并为我们生活中将要做的事情做好准备。因此,它所做的事情并不仅是把储存下来的信息准备好以便随时调用,而是同时不断地重新加工这些信息,也就是说,重新组织记忆内容,使之适应我们接下来规划未来生活的任务。

如果只有这么多就简单了——不过我们还想再进一步:记忆并不仅仅是一个服务器,将过去的回忆加工成为我们想出来的计划。事实却恰恰相反,直到我们对记忆中的内容进行组织时我们才产生愿望——对于那些我们接下来会涉及的事物的需求,我们其实是非常自发的。记忆通过自己的工作为决策创造了前提和基础,并以某

忆见未来

种方式将一些细节确立下来。它不断地尝试,哪些路径是可以走得通的,同时也会根据我们既往的经历来计算我们在道路上有可能遇到哪些走不过去的坎。举个例子来说就是,记忆书写了字母"i",写完下半部分的一竖以后,就必须还要在上面加个点。反过来,人们也可以从相反的方向来追随同一条思路。当未来某个发展前景的出路越来越渺茫的时候,比如由于年龄变老或者罹患疾病,我们的记忆处理问题的方法也会发生相应的改变。这时候,它就越来越少地为马上将要面临的事物做打算并做出预测,而是让我们反过来回顾过去,回顾曾经有着某种开放的可能性的时刻。说得简单直接一些就是:这个时候,童年的记忆变得重要了,人们开始回忆最初的时候,我们一生当中所有的一切都是以那个时刻为起点发展起来的。记忆让我们重新回到过去,在那个时刻,世界对我们来说还是一切皆有可能的。

用新的视角来看待记忆意味着我们从根本上要把它视作面向未来的、具有创造力的东西,相应地我们也必须重新定义它的特性。特别值得深思的地方就是,记忆的创造性工作绝大多数时候并不为我们所察觉。我们往往只是最终惊讶于它在无声无息中已经做到的东西。关于记忆究竟应该获得什么样的殊荣,这个问题需要哲学来给出合适的答案。

200多年前,柯尼斯堡的哲学家伊曼努尔·康德(Immanuel

引　言

Kant）就提出过什么东西使艺术家成为艺术家的问题。康德给出的回答是，这种东西必然是一种完全特殊的幽灵般的存在，它能赋予艺术家特殊的能力。这种幽灵般的存在总是躲在幕后发挥作用。人越想成为艺术家，创造出美的东西，越是努力地去思考作品应该是什么样子，要符合哪些规则，那么他的这些努力就往往越无法实现自己的愿望。而当某个潜藏在他身上的力量或者禀赋承担了创作的工作，并且勾勒出作品的样貌，他就越有可能取得巨大的成功。这个幽灵对于人来说就有着"保护性的"和"引领的"作用。[2]

对于康德来说能够使人有原创能力，把人变成天才的幽灵是个好的幽灵。我们还要理解的是，记忆如同自然的天赋才能一样，它工作的时候总是带着即兴发挥的意味，我们往往也无法获知它的存在。区别只是，艺术的禀赋创造出来的是艺术品，而记忆创造出来的产物是我们的人生。记忆的精巧之处恰恰在于，它于信手之间找到的解决方案往往我们深思熟虑之下也难以想到——而且这种方案还能给我们带来益处。如果说什么时候一旦失去了记忆，我们就感觉处于非常可怕的境地。记忆不再工作的时候——比如阿尔茨海默症——生活就崩溃了。这也是每个绝佳的东西自身的两面性：当我们失去它的时候，就仿佛堕入深渊；而只要它还继续工作，它就显示出其异常独特的方面，而且能让我们不断地超越自我。

最后还要补充一点。如我们所说，记忆是一个我们非常审慎的生命伴侣，它绝大部分时间老老实实地待在幕后，而只有当它不再履行自己的日常工作时，它的意义才一下子凸显出来。圣·奥古斯丁（Augustinus）曾经就时间的本质说过这样的话："只要没有人来问我，我就知道。而当我需要向一个提问者来解释它是什么的时候，我就不知道了。"[3] 时间的本质和记忆的作用有着非常密切的联系。而正因为记忆总在不知不觉中起作用，人们也很难去解释它，所以自古以来，人们就尝试着找出各种模型来解释记忆的原理。古代，人们就已经试图用机械装置来进行类比。亚里士多德是这样做的第一人，他于2 000多年前首先用在蜡上打上印记的印章的模型来阐释记忆。人在特别年轻的时候——同样也包括年纪特别大的时候——蜡还处在像水一样稀的状态，所以敲印章以后不会留下任何痕迹。精神和智力不正常的人也无法记住任何东西，因为蜡太硬了，留不下痕迹。[4]

之后，有人把记忆比作宫殿或者图书馆，知识就储存在其中某些个特别的位置上，待到需要的时候再按图索骥地把它们取出来。近代以来，随着摄影术的发明人们又开始按照图片储存的模型来构拟记忆的模型。20世纪60年代的欧洲西部片还遵从了这种想法：当一位枪手快要死的时候，他一生中经历的事情就像电影中的快动作一样在他的眼前再放一遍。人们理解的记忆就是一种影片格式存在的东西。同时，电影蒙太奇的剪辑手段也能够解释生活片断在记忆中合成的现象。

如果和互联网一比较，那么电影模型又显得过时了。互联网比任何一种技术手段都更为深刻地改变了我们的时代，给我们的生活打上烙印。对于我们的解释模型来说，它还有着优势，因为与以往任何一种技术手段的解释模型相比，它更接近事实真相。在人脑中没有蜡盘，也没有钢印；没有一间间房间，也没有存书的书架；没有20世纪60年代心理学研究中很时髦的镜子和反光的模型。脑科学研究在分析大脑功能后发现了网络和网络结构间的相互连接。19世纪早期以来产生的，认为在大脑的特定区域主管着特定功能，如性格、情感或者智力等的旧观念已经过时了。今天我们知道，任何一个复杂的功能都是由不同的脑部区域通过复杂的联网和共同作用实现的。只要我们把网络文化作为榜样来看待，就不需要用别的东西来类比大脑运作时的原理。今天脑科学研究揭示出的脑部的网络结构从本质上说和今天环绕全球的通信连网状态没有太大差异。新的网络媒体至少给了我们一个真正的类比模型，帮助我们来理解人脑的原理。我们不需要再借助其他什么别的隐喻了。

和互联网的类比还在另外一方面对我们有所裨益。我们亲眼目睹了互联网的大发展，并且随着时间的推移不断取得质的飞跃。一开始，它还仅仅是一个单纯的远程通信工具，用于交换数据。谁接入了网络，就可以在他的终端上储存和保留这些数据。接下来网络又产生了实用的新功能,这时候的关键词被命名为网络2.0,从此,我们对于网络赋予了更多的情感,我们做出评判,进行评论;它时而让我们感到激动,又时而会使我们心情平静;我们提出异议,在重要或者不重要的事务上共同思考、建言献策。现在又到了一个发展的新契机。如果一个所谓的网络文化4.0(或者也可以叫工业4.0)真正实现了的话,很多事情不需要我们投入关注就能够得以执行了。网络和机器可以做到很多东西,它们完全可以自己思考,自己统筹。

对这种发展前景,我们可以持一个审慎的批判态度,也可以认为这些不过是乌托邦式的幻想。但是作为解释模型,它还是可以帮助我们理解人脑中的网络都具有哪些非凡的能力——并且建立一个辅助系统,帮助我们规划自己的生活正是这种非凡能力的一部分。

最终,我们希望通过这些理由来说明一个重要的论点:如果我们只把记忆看成是一台简单的数据存储设备,那么我们就大大低估了它的能力和可能性。最好我们能够认识到,记忆是我们的一个全能而智慧的小伙伴,它可以帮助我们规划一切将要发生的事情。我们只有从这个角度去认识记忆,才能真正理解它是如何根据过去来规划未来的。也只有这样,我们才能正视它的精妙之处,不然以记忆那种默默无闻的工作方式,我们根本想不到它有多么神奇!

Das geniale Gedächtnis

第 1 章
记忆革命

规划未来的记忆为何总是处在事件之前?

设想一下下面这件神奇的事情。你把冰箱塞得满满都是食物，然后你拿出一本菜谱，再次把冰箱打开：这时所有的东西都不在它们刚才被放进去时的位置上，而是摆放整齐，伸手可得，而且所有的东西都按照你马上要做的菜的顺序摆好了。或者我们再假设一下，你是位律师，在你经办的案子中遇到重大的变故。你打开公事包，发现所有的档案和文件都已经在里面放好了，而且特别神奇的事情是，就好像勤劳的海因策小人曾经来过一样：所有的东西都重新调整过了，并且完全符合变化后的新情况。以前作为控方证据归档的材料，现在则出现在了辩护的证据之中。即使你现在把一页页纸从文件夹中取出来，也会发现，这里发生了些什么。好像有什么人已经预先知道了事情的变化，并且已经将有问题的事情经过和内容按照新的事实情况做了改动。一切的一切都重新调整过了，你可以直接上庭进行完美的陈词了。

这样一来，神经生物学者感觉到，他们好像是第一次对我们的记忆实际上能实现什么有了一些大概的印象。独特的、令人意想不到却又无比神奇的事情在无声无息中完成了,每个涉及该领域的研究人员,都立刻像一个孩子会做的那样,想搞清楚,当我们关上冰箱门的那一刻,里面的灯是不是真的熄灭了。至于要想更好地理解科学家们研究人类记忆的热情,我们就不仅仅要探寻在我们大脑中的灯(或曰:思维活动)在我们睡觉时或是梦境中是否真的熄灭了。更激动人心的地方在于,人们迫切地想知道谁才是那些无私而又时刻能够帮助我们的勤劳的海因策小人,以及他们具体都干了些什么。

必须承认,人们在试图揭开隐藏的思维活动时的过程和方法的名称显得枯燥乏味,有的听起来还很神秘:神经元形成、光遗传学、蛋白质合成抑制剂,但是如果在专业圈子里说出这些词汇,人们的眼里马上就会泛出光来,即使是长期从事相关研究、什么都经历过的人。当今的社会发展得太快太迅猛,以至于人们为了描述一个研究方法不得不找出那些以往只有艺术批评家们才会使用的词汇。当下的研究方法和技术手段都优雅精致到令人惊讶的程度。脑部计算机断层扫描借助于荧光纤维使之像一个现代技术品一样发光;更引起轰动的方法是实现了通过冥想来开启和关闭大脑中的全部细胞复合体。

本章我们就想来介绍这些实验。此外,我们还想试着通过这些

忆见未来

实验来初步解释一下记忆在我们的生活日常中是如何起作用的，它的特殊性和特点在哪里。从根本上说，记忆在我们眼中一直看起来像一个冰箱一样，所学的东西放在里面冷藏保鲜；或者说像个文件柜，东西放在里面（希望）不会丢失，这种印象一直以来是那样理所当然。然而最近十多年来的研究却一再让我们惊讶，并不得不转变观念。我们越来越多地了解到，记忆有着某种自己的生命——尽管我们常常会抱怨记忆在某个时刻会突然抛下我们不管，我们还是要知道它是我们的一个大帮手。甚至在这个方面，我们怎么高估记忆所起到的作用都不为过。如果漫长的演化进程没有让我们人类形成这种保存和回忆事件的特殊形式的话，也许今天人类不会是现在这个样子。首先是记忆的灵活性，它是人类发展向前的决定性一步。伴生的则是一种聪明才智，它让我们的记忆成为做出重大决定时的基础。人类记忆与客观世界中发生的事件打交道的新方式让人类具有了新的能力，他们不再是跟在自然发生的事件后面做出反应，而是总能领先一步。记忆开启了生活，并为人类开拓了一个新的维度。对于记忆，我们今天不得不转变对它的看法，它是一个能总结过去，从而开创未来的转换机制。

一方面是灵活性，即随时可以改变记忆的内容，另一方面是生活智慧，它可以不断引发这种改变。我们将会在记忆形成的不同层面当中进一步说明这两方面的内容。

第1章 记忆革命

我们如何在每次回忆的同时再学点什么？

我们就从神经生物学家迄今为止取得了最大成果的地方开始，即对我们记忆的最小构成单位的研究。第一个实验相应的就是在分子结构之上进行，在那些单个的细胞中，它们的连接以及改变结构的措施，都是为了留下记忆的痕迹必不可少的东西。接下来我们需要想象一下的东西乍看起来有些像口袋戏法：把一个东西塞进一个口袋，然后再次把它取出来。只是你会发现，它已经不是原来放进去的那个东西了。在记忆这件事情上当然不完全像变戏法那样，放进去的是鸽子，然后再拿出来就变成了白兔，但是如果我们把事前和事后的东西对比一下，其惊讶程度并没小多少。而更令人惊讶的可能是因为，关于重新回忆起记忆内容的研究看起来就是一个例行的程序。人们花了很长的时间，才理解了信息是怎么进入我们的记忆之中，并且如何能在我们的记忆中留下痕迹。然后人们又想知道，这些痕迹是怎么固定下来，同时又能够储存起来。只有在我们认为确实已经获取了足够的相关知识后，才能更清楚地知道，在重新唤起记忆当中发生了什么事情。

第一个念头是理所当然的，我们就是走了一遍开始走过的回头路罢了。也就是说，从记忆仓库中取出某些特定的信息，然后再次将之重新呈现一遍，把它放到我们关注的中心。如人们所说，正是在对于记忆痕迹的重新激活中表明，记忆内容并非就是这样简单放置着。因为首先显然要把在记忆中储存着的包裹打开，从已经固定或者说稳定了的记忆痕迹中要再次生成动态的信息。这就意味着，要让这个痕迹重新打开，使之可以发生变化，至少从理论上说是这样的。这个过程中可以有内容上的，但也并非必然有内容上的变化。然而，无论在再次回忆的过程中发生了什么，此后都会把改动过后的版本储存下来，并且它已经不是最初的那个版本了。它已经被新一轮观察重新改写过了。并且每次当我们回忆起所谓的同一个场景或者同一件事情的时候，我们都实际上只是在和一份拷贝打交道。而这份拷贝在不断重新回忆的持续书写的过程当中可能与最初的版本越差越远。每一次新的修订都带来了新变化的可能性，而最终版本也不过是一系列版本中当前最新、最后的那次修改罢了。

有些小说作家就利用硬币的隐喻来说明这一过程：被不停地触摸、不断地换手之后，记忆已经变得越来越不清晰，而它最初的烙印也慢慢被磨平。另外有些人觉得这个过程并不一定是一种亏本买卖，相反，记忆如同一幅油画，每次进入画室的时候，我们都会添上几笔线条，抹上几笔颜色。这时候我们可以认为，两种比喻并不相互矛盾。最初的烙印越淡，留给我们往里面添加新的内容的空间就越大。如我们下面的章节中将要描述的那样，一切皆有可能：从越来越健忘，它的极端情况是某些疾病带来的记忆丧失，直到记忆控制，它反过来又甚至可能导致蓄意地篡改档案——这个就像证人出庭作证时为令人无法理解的自我欺骗提供伪证。

从细胞到细胞——连接是如何建立起来的？

现在我们来谈神经生物学和科学实验。首先必须搞清楚的就是，像学习或者记忆这样高度复杂的事情也是由非常简单的过程组合起来的。每个思维活动的最开始就是单个脑细胞之间的连接。细胞上有突起，输出和输入管道，它们可以形成枝杈的形态。每个单个的细胞可以和一万个其他的细胞连接在一起。纤维负责信号的传递，这些纤维我们把它叫作"轴突"（axon），这是个希腊语词汇，意思是轴。轴突可以很短，但在大脑中有些类型的脑细胞的轴突也能达到几厘米长。输入管道叫作树突（Dendriten），它来源于希腊文的"树"（dendron）。树突的形状很像树，呈枝杈状，所以人们这样来命名它。当然现在我们不讨论命名中的这些小细节。

两个脑细胞之间的连接叫突触（Synapse），这个词想必大家应该在哪里听说过，并且这个名词也是从古希腊语中借用而来的。突触的本义是接触或者接点。解剖学上进一步可以把突触描述成位于轴突末梢和树突的接收器之间，也即是一个细胞的输出管道和另外一个接受细胞之间的间隙。它大约只有 20 纳米宽，1 纳米只有 1 毫米的 100 万分之一。在普通的光学显微镜下是看不到突触的，只有借助光电显微镜才能看到它们。

现在我们来聊聊信号的传递。信号传递的开始和结束点的本质是电,也就是说,在一个细胞中生成,然后再到达另外一个细胞的总是电压差。具体地说是电压降低,用专业术语来说叫去极化作用。从内部具有负电性(大约70毫伏)首先变成一个相对稍弱的负电性(约-50毫伏)。当负电性临近一个门槛值时,就会出现放电现象。此时,人们就说细胞兴奋了。在传递这样一个电脉冲时,有两种可能性:要么细胞的兴奋完全通过电的方式传递,要么这种传递还需要借助于化学的过程。相应地就有两种不同类型的突触。

我们先从电突触开始讲。它们在大脑中并不常见,我们大约可以借助于连接两个管道的接头来直观地设想一下这种连接神经纤维的输入和输出管道的方式。专业英语词汇叫缝隙连接(gap junction),这个名字的意思就是说,传递电信号的通道是直接连接起来的。这种连接的好处在哪里,我们还会在本章讲中间神经元时再次提及。它们也可以通过电突触进行交流。

化学突触的过程就复杂得多。电信号在这里导致倒空化学的神经传递素,它在突触的间隙的另一端能够再次引发一个电反应。我们既无法长篇大论,也无法用一句话说清楚,电信号是如何引发化学反应,而后化学反应又是如何再次引发电信号的生成。简而言之,一个脑细胞中的电信号使其末梢的通道打开,然后带电的粒子就可以通过通道涌入。这使得在囊泡（Vesikel）中存储的神经传递素被释放出来。它们充满了突触的间隙，使之和另外一个细胞的接受器对接起来。这样新的通道被打开，带电粒子可以进入下一个细胞。大部分的细胞释放的传递素是谷氨酸盐，并且对下一个细胞起到刺激作用，10%～20%的则使用氨基丁酸（GABA），它可以对下面的神经元起到抑制作用。除了这两种神经传递素以外，还有其他一系神经调制剂，我们可能在媒体上对其中一些已经耳熟能详，比如血清素、多巴胺或者乙酰胆碱。通过这些调制剂，就能实现除了开启和关闭以外的其他各种效果。比如它们可以让我们感到轻松而满意，或者非常积极乃至极度兴奋，或者它们能提高我们的注意力。

最后再说说通过突触间隙实现的化学传导的速度。由于我们对这一过程的描述非常复杂，其中有物质释放出来，还有物质输入，并且一切要按照一定的顺序有条不紊地进行，因此人们不免会认为这个过程会持续相当长时间。然而整个过程的完成就在千分之一秒左右。

共同兴奋的即连接在一起

我们现在已经知道了可以来了解我们每个学习活动的基本操作的东西。加拿大心理学家赫布（Donald O. Hebb）在20世纪中叶提出一个相应的规则，它被表述为："共同被激发的神经细胞连接在一起。"[1]学习的发生因此就是一个通过联想的过程。不同的神经细胞如果同时被激发,那么它们就是有联系的,并且再次通过同时激发它们来加强这种连接。

这个规则通俗易懂。它的意思就是,在学习中总是要把同时出现的不同的东西联系起来,并建立起连接:特征和物品,比如说在几何图形中(直角和正方形),或者下雨和淋湿了的街道,词汇和它的发音,绘画和画家的签名等等,一切都有可能。这种联想的建立现在可以在分子的水平上追溯它们。只要神经细胞同时被激发起来,那么连接这些神经细胞的突触就会不断加强。突触的加强有着不同的机制。[2]比如可以使现有管道的导通能力得到改善,这可以通过磷酰取代作用得以实现。[3]此外,可以在几分钟之内在待加强的突触中装上新的感受器。这个过程中首先调用了已有的,并储存起来的感受器。[4]在必要的时候也会生成新的感受器,用专业术语来讲就叫"从头合成"(de novo synthetisiert)。而有些突触还会形成更多备用的神经传递素。[5]很多变化发生了,很多过程还相互作用,非常复杂。通过学习建立起细胞的连接不仅可以导致现有突触的加强,还有可能形成新的突触。[6]甚至还存在形成新的神经细胞的可能性——至少在对我们的记忆至关重要的区域,即海马体内是可能的。我们将在谈及老化的章节中再次提到这个问题。

到目前为止,用比较简单易懂的话来总结就是,学习总的来说

第1章 记忆革命

就意味着把有关联的事情也当作关联的事件一起感知。而不太简单和理所当然的可以回答的问题则是，我们究竟是如何开始学习的，也就是说我们究竟是怎样形成记忆的第一步的。每天从早到晚，我们会经历很多很多，并且其中许多现象是同时或者说有关联地被我们感知的，然而我们却并没有把所有的事情都记住并形成记忆。很显然，这里面存在一个选择机制，学习行为只有在破除了某个屏障之后才有可能。比如说，必须把特征和物品不断地以同样的方式在我们的面前呈现出来。所以说，我们在背诵诗歌的时候就是要不断地重复它们。一组单词的序列，我们读的次数越多，那么我们事后正确无误地把它们重复出来的概率相应也就越大。在细胞层级上有着相应的机制。只有在足够多的重复之后，才能突破某个阈值，此时，按照赫布理论的学习机制就被开启了。

不断重复同一个过程只是开启正式学习过程的众多可能性当中的一种。同样，情感因素也能起到作用，比如畏惧和奖励，包括意外和新的体验也能起到帮助作用。在那样的瞬间遇到的事情，我们能够更容易且更好地记住。比如我们可以很好地记住悄然而至的幸福或是突如其来的不幸发生的日子，相反对于那些平淡无奇的日子就难以留下什么深刻印象。我们再回到细胞层级去看，这意味着，人脑不同区域的不同细胞在起作用，以突破学习和记忆的屏障。

前面举的两个例子可以很好地用进化模式来解释——动物的学

习也有着相类似的选择机制。一般来说，在一个人身边经常发生不断重复的事情对他来说肯定是比较重要的，同样地，生活中的畏惧和逃跑、奖励和趋向也是如此。而作为人类文化的产物，我们也知道很多刺激同样促使我们学习。个体的经历在学习过程中也就起着很重要的作用，如思想和审美的问题，以及文化史对于我们每个人精神世界的构建。

从学习到进一步形成记忆。在我们切实可以形成再次回忆之前，还要经历非常复杂的过程，这主要涉及管理的问题。在我们把学到的东西首先登记的地方，这些信息并不能长期地存储在那里——至少绝大部分不可以——这首先是因为空间有限。人脑的大脑皮层有着巨大的储存空间，大约为2PB。这大致相当于我写这本书时使用的电脑硬盘的2 000倍左右。学到的东西（绝大多数）将转移到这里，并进行转录。这一过程如何进行以及在什么时候进行，我们会在后面讲述梦境以及夜晚脑部活动的章节中再行讨论。这里只粗线条地说说它的大概模式。

在这个过程中海马体起着重要作用。在本书中会不断出现的海马体是人脑中两个几厘米长的弯曲的结构，它在人的左右侧脑半球中，呈对称状分布。它是边缘系统的组成部分。听过这个名词的人可能会知道，边缘系统是我们人脑的一个组成部分，从演化上讲，它的形成甚至先于我们的大脑。所以其基本结构不仅存在于人脑，很多哺乳动物也有。边缘系统中的边缘一词来源于拉丁语"limbus",是用这一区域的形状来命名的,指中脑核心外围的一个环状结构。既然我们现在谈命名,就要慢慢习惯于这种复杂的名词,那就顺便再说说海马体(Hippocampus)。这个词也源于拉丁语(词根是古希腊语),翻译过来的意思是海马。人脑中的海马体,无论大小还是形状确实和海马非常相似。此外,艺术史家们发现,也许是因为古代的水井上就有海马造型的纹饰出现,所以导致了文艺复兴时代对它的命名。

意料不到的地方的蛋白质合成

再次回到记忆的过程:新学习到的知识的途径从海马体开始,然后进入到大脑皮层中储存起来。再次重新回忆起它们时,留下的记忆痕迹——或者我们用专业术语来说叫"Engramm"——会重新激活。海马体在多大程度上参与到这个重新激活的过程中来,到目前为止还没有彻底搞清。[7]

在重新回忆的最后一步当中发生了特别奇妙的事情,我们在本章开始的时候就已经说过。重新回忆的高潮部分在于,它并非简单地把记忆的内容调取出来。我们现在可以更清楚地说:共同被激发的神经细胞的某种配置和模式又再次活跃起来。那些记忆的内容或者说共同被激发的模式同时又发生了改变,被不断地修订。[8]这意味着，一些突触的连接可能会再次得到加强或者相反被削弱了。即重新回忆的过程中伴随着记忆的改写，就像在我们初次建立记忆时发生的那样。也就是说，它也是一个学习过程，我们需要把它理解成学习到某种新东西的过程。已经建立的连接在这个过程中重新调整，就是在细节上进行加工和修订。这种变化的基本原理，我们在这里可以简单地解释成一种适应的过程。记忆显而易见地要适应人们在后来不断获得的新的印象或是当下就在眼前看到的东西。

在这种模式下，我们的知识就在不断的重新回忆中被一次次更新。每次更新，人脑都会做出修改的措施。为此，人脑就会生成或者安排新的细胞组成部分——这里具体来说就是蛋白质。[9] 目前，已有学者在负责对接神经传递素的感受器上做了研究，并且验证了这个过程。蛋白质合成发生于突触后，并导致在接受细胞中产生一个更强的电信号。重新回忆中的蛋白质合成现象至少可以表明，我们回忆过程中并非一切如原来一样一成不变。我们不仅仅是把原来就知道的东西拿出来，而是在某种可能性之下又新学到一些我们之前的记忆中并不存在的东西。

如果这样的结果是摆在桌面上的话，一切都清楚明了——但是当人们在记忆这样的一个隐秘的地方开始探索它的奥秘时，也许自己都会惊讶于关于记忆的堆积状态的看似非常大胆的想法：我们记忆的内容并不是记忆中一成不变的东西，相反它是个灵活多变，像

第1章 记忆革命

流水一样的媒体。

追寻遗忘的踪迹

心理学和神经科学的发现往往起初都是从病理学的症状开始，即某种功能的缺陷或是病变导致的结果。在我们讨论的范围内，人们正在想办法来帮助病患克服某种噩梦般的经历，好让他们能够不常常受到创伤回忆的侵袭。人们一般把这种情况叫作创伤后的心理问题。我们的想法在于尽可能地阻止可怕的回忆不断重现。电痉挛疗法的经验已经为我们探索出了最初的道路。人们一般把它通俗地叫作"电击疗法"。在一个相对较强（至少是和我们脑中非常低的电压和电流强度相比更强）的电流输入之后，人们发现，在一定时间段内的有些记忆就不复存在了。这首先是作为一种意料之外的副作用被发现的，但现在已经在利用它来对病人进行治疗。当人们有了某个（不愉快的）记忆之后，直接施以电击，再对发生的现象进行测试，最终证明这种方法是卓有成效的。卓有成效的意思就是这些记忆并不会储存起来，也就是说它们不会进入到长期记忆中去。

之后人们开始实验在药学的基础上来唤起人脑中的记忆删除过程。科学家认为，如同我们前面描述的那样，在重新回忆的时候会有新的蛋白质生成，那么现在的问题就只需要阻断蛋白质生成即可。相关的实验已经在大鼠和小鼠的身上做过了。人们首先训练老鼠们能够去完成某个特定的任务，比如说让它们通过学习掌握在障碍物跑道的某个特定位置摆放有食物的知识。然后再把一种物质注射入它们的海马体内，这种物质可以阻止蛋白质分子（同时也是新的感受器）在细胞内形成。这种物质是一种细菌抗生素。实验结果证实了科学家们之前的假设。在学习过程之后，立刻注入这种药物，学习的效果就会大大降低。在训练后的六个小时之后注射药物都可以产生学习效果降低的效应，然而超过这个时间之后，注射药物就很难产生可测量的效果了。[10]

不过人们还是要对这个实验打个问号。因为并不能确定人们确实证明了想要证明的东西，主要基于以下两点原因：一方面是因为注射的药物影响的不仅仅是少数几个细胞，而是扩散到了较大的一片区域中。此外当药物起作用后，它不仅阻止了我们所关注的在后面被开启的细胞的接受渠道中的蛋白质生成现象，即后突触，它同时还阻止了很多其他形式的细胞生成与改变过程。

不过，有关重新回忆就是学习到一些新的东西的理论——在专业术语上叫"重组"——长期以来是有争议的，它不仅出于上面提到的原因。因为同样的效应，可以用不同的途径来进行解释。人们承认在重新调取一些记忆内容时确实存在蛋白质生成，然而质疑的却是蛋白质生成是否确实是由于调取记忆内容而产生的。实验中确认的蛋白质生成会不会仅仅由于学到了新的知识，而非是对旧知识的更新呢？

另外一种解释的可能性则是，变化的产生并不是因为学到了新的东西，而正相反，是一个删除的过程。并非又画上了一道新的痕迹，相反是擦掉了一条已有的痕迹。这里仍然也是一种新的学习在起作用，心理学上叫作"消退学习"（extinction learning）。[11]最终人们也还是要承认，学习过程处于同一个记忆之中，质疑的只是，新学到某种东西是在重新回忆的时刻产生的。它是否存在着在此之前就已经产生的可能性。清楚的是，这样的假设只是把质疑的问题在时间轴上向后推了。人们必须在更早的时间点上来寻找相应改变的原因所在。

尽管存在那么多的争议和验证上的难处，人们还是认为"重组"的理论已经得到了比较确切的证实。[12]对此起到决定性作用的是新的实验方法，人们可以以此来控制那些在形成记忆内容时必然会积极兴奋起来的细胞。下一小节我们就来讨论这种方法。

按钮控制的记忆

现在我们来介绍完全特别的实验和方法。如果你是第一次听说这样的方法，可能会觉得它听起来不那么可靠，以至于你根本不敢相信真的有人做了这样的尝试。然而当你知道做这样尝试的人最后取得了巨大成功的话，一定会更加惊讶。现在我们要说的是一种叫

忆见未来

作光遗传学的新方法,为推动这门学科的发展做出了巨大贡献,并参与到了革命性技术中来的科学家还获得了2013年的欧洲脑科学研究奖(The Brain Prize)。[13]突破性的工作是由生物物理学家彼德·黑格曼(Peter Hegemann)和埃恩斯特·班贝格(Ernst Bamberg)做出的。光遗传学方法中,人们将基因工程技术和光学效果结合起来。细胞通过基因手段被改造成可以通过光来施加影响。这就意味着,细胞被安装上了一个开关,一个光控制的开关,它并非是让细胞发光,而是通过光线来实现控制开关的打开和闭合。这样一来,有着某种功能的特定的细胞就可以实现远程控制。你可以任意地激活或是锁闭它们。即使我们作为一个在研究中缺乏想象力的设计者,也能从一开始就一下子洞穿这项技术在实践中会给我们提供什么样的帮助。如果我们不知道某种类型的神经细胞具体有什么功能,只需借助光遗传学把光控开关装置到神经上去,然后观察这之后都发生了什么即可。

对于我们所关注的事情来看,前面已经说过,在记忆问题上首先人们的关注点在哪里。然后似乎就是人们在技术上实现了对于单个的记忆内容的开启和关闭。小鼠刚刚还知道如何找到通往食物的道路,然后就亮起了灯光信号,这时候它们就都不知道了。接着再亮起了一个相反的信号,然后它们又都能记起刚才的路了。在不切实际地希望通过这一技术把人们不好的记忆简单地从脑海中清除的

第1章 记忆革命

梦想在读者的脑海中潜滋暗长之前,在我们开始介绍技术细节之前,就首先要很遗憾地告诉大家:现在还为时过早,研究还远没有发展到那一步。然而,就在最近,确切地说,就在本书的编辑工作完成之时,又有了新的相关研究的文献发表出来。它让我们觉得,长久以来我们所期待的东西可能在不久之后就会成为可能,甚至会大大超出我们的预期。到那个时候,光遗传学方法可能不过仅仅是个中间步骤罢了。

但是我们现在还得一步步来。我们先得设想一下,光信号开关是怎么弄到细胞上去的?这个开关是由什么组成的?我们先来谈后一个问题吧。有一些细胞,它们是可以对光线做出反应的,比如说人眼视网膜上的细胞。进入眼睛的光线可以导致视网膜上的特定细胞产生化学反应,然后发出电信号。光敏感的细胞在别的生物身上也存在,它们很多在那里除了看见和辨认物体的视觉功能外还担负着别的功能。比如它们可以帮助生物体去区分白天还是黑夜,帮助生物趋向于光的方向,以便获取更多能量。科学家在光遗传学方法中使用的细胞来源于藻类和细菌。选取它们是出于技术方面的原因。专业术语上,这些对光线敏感的蛋白质叫视蛋白(Opsine),目前为止,人们最熟悉的就是能对蓝光做出反应的光敏蛋白(Kanalrhodopsin)。科学家已经发现了一系列类似的分子,它们可以被不同波长的光线所激发。[14]通过这些蛋白的帮助,就可以让细胞在不同时间长度内打开或者关闭了。

接着来看另外一个问题,光开关是怎样装置到需要打开或关闭的细胞上去的呢?这一过程借助了非常巧妙的方法,利用(无害的)病毒作为载体来把基因信息输送到特定的细胞上去。控制细胞用的是玻璃光导纤维,它们一直延伸到细胞。也有用植入 LED 发光灯来进行实验的。我们描写到这一步后,我想对于读者来说就很清楚了,为什么光遗传学方法还不可能是一个可以应用在人身上的方法。尽管这是通过光的信号来进行控制,但仍然是一个需要以某种连线的形式来完成的实验方法。或者用专业术语来说,这种方法是侵入性的,它需要进入颅内来到人脑中间。

而当我们在谈论这一问题的这一刻,新的研究报告又表明,光遗传学方法已经可以不采用任何一种侵入式的方法,也就是没有任何直接的生理上的接触。近来已经有科学家成功地通过光来激发小鼠的脑细胞,方法是外部的光线通过耳道以及装置在里面的线圈到达需要控制的细胞。[15]

更巧妙的实验方法在于,无需更多的光来打开或者闭合脑中基因改造过的细胞。科学家渐渐地——其实也正是最近刚刚——可以通过特定的脑电波频率来唤起同样的效果,也就是说通过呈现某种规律的电流刺激。这里必须补充一点:起到开启和关闭某些脑功能的脑电波组合不一定是由外部施加的,无论它是侵入性的还是非侵入性的。大脑自己就可以产生这种脑电波。比如说当脑组织被置于一种静息状态时。通过冥想就可以实现这样的状态。可以想象的是，人们通过某种精神上的手术治疗——这种治疗无须我们哪怕只是弯一下手指或是按动某个什么开关——即借助于某种形式的精神高度集中，就能够激活或者抑制某些大脑功能。[16]也许有些侦探电影的剧本作家们都无法想象当前科技发展的动态。我们甚至也不敢完全想象这种可能性在未来能给我们带来什么。我们能够想象这种方法可以在心理治疗领域得到很好的应用，当然被滥用的可能性也无法完全排除。

在这里，我已经看到了一个遥远的（但其实也离我们越来越近）未来，因此，我们简短地总结一下：只要想想使用化学物质干预大脑活动产生的问题，就能发现新的实验方法在速度上有着巨大优势。药物需要一定时间在组织内扩散开来并产生药效，而神经细胞的兴奋往往发生在毫秒级的时间间隔内。所以用化学物质控制的话，很多过程是不清楚的。从精确度上来讲，新方法也有很大优势。化学物质并不一定仅作用于我们需要研究和观察的细胞和细胞类型，还会作用于其他。但是通过基因改造则可以非常精确地控制需要的细胞。电流刺激细胞有着相对很大的好处在于，人们至少可以靶向地控制分散在大脑网络结构中的各个细胞。

关于实验细节和它们的不断改进还有一些值得一提的东西。人们在一开始的时候还为能够实现精神上的远程控制而兴奋不已。比如按下一个按钮，就能让小鼠左转并让它不按直线行走。然后人们开始致力于恐惧感的控制。今天科学家们已经开始尝试控制单个的记忆内容或者从无到有地生造出某种记忆内容。比如研究人员已经实现了把恐惧感迁移的实验。当一个实验动物在某种人为营造的实验环境下产生恐惧感以后，它将会在另外一个原来对它来说司空见惯的环境中产生同样的恐惧感。通过光遗传学方法，引发恐惧感的要素被扩展了。[17] 用同样的实验方法可以引发出毫无现实根据的恐惧感，这就是完全人为制造的恐惧。[18]

大脑中的指挥棒

现在来把我们的思考小小地跳跃一步，本章当中，我们想对记忆所做的工作做一个大概的了解。我们已经看到，在基础的层面上，记忆已经比我们通常设想的要灵活得多。而在更高级的层面上，现在我们还想继续了解，我们如何来充分利用这种灵活性。如果说每块基石本质上都是可变的和可移动的，那么它们之间又要按什么样的机制相互组合起来呢？如何避免它们之间出现相互干扰？或者说，这些内容从根本上是如何相互组织起来的？

这样我们的观察就上升到了关于记忆工作方式的一个中间层面。这里起到协调作用的是一个管理的机制，用英语的术语来说叫游戏控制（game control）。这个名称说得非常有道理，因为多个知识之间不可相互撞车，那么就需要一个游戏控制的机制来把它们整合起来。

由于所有这些都非常抽象，而且听起来有些管理技术的味道，因此我们就开始来做个小实验。绝大多数读者，如果他已经接触过一些哲学或者格式塔心理学的话，应该对下面这幅插图并不陌生。维根特斯坦创作了这幅插图，通过这样的一个"兔子鸭子头"来作为整个世界观的证据。现在我们就来看看这幅图上画了什么：

你看见了什么？我们可以看见一个鸭子头，它的嘴是朝左的。如果我们换个方式来看，它就是个兔子头，兔嘴朝右，兔耳朵朝左。不过这其实并没什么，因为很多形体都会因为不够明确而给我们留下这样或者那样看的空间。我们一般都会首先觉得它是个什么东西，

忆见未来

然后过一阵子再用完全不同的方式去看它又是另外一个东西了。现在真正的问题来了，同时它也令心理学家和哲学家们大伤脑筋。你试试看，能不能同时看到两个东西，也就是说在同一个瞬间，你把这个形体既看成一个兔子头又看成一个鸭子头。慢慢你会发现，无论你怎么努力，想同时看到兔子头和鸭子头，还是设法使两者同时呈现在你意识的视觉中都是不可能的。即使你用很快的速度把这幅画翻过来，也就是说改变它的解读方式，我们也仍然没有办法同时既看到兔子头，又看到鸭子头。甚至是两种解读方式下有着同样意义的那个点，也就是那个眼睛，我们也无法避免地要一会儿把它看成一只兔子的眼睛，而在另外一次才会把它看成一只鸭子的眼睛。

现在我们就要问了，为什么会这样，并且为什么显然如此？那么当我们思考这个问题时也就已经进入到了游戏控制过程当中了。我们无法把一张图片的两个方面同时当下化在我们的意识当中的原因在于我们的感知能力的特殊工作方式，也就是说，我们在感知和学习某个事物的时候，我们的感官究竟抓住了什么。我们总是会去细究我们刚刚学习到的东西。并且人的视觉印象总是与此有关——一个通过外形能够为人们所辨识的物体才能被看见。点与线条的组合与分布构成了一个特定的概念，并且这个概念作为记忆痕迹已经预先存在在我们的记忆中了。

现在的情况变得更复杂多变一些，因为同样的点的分布组成的

第1章 记忆革命

线条布局能够与我们记忆中的两个既有的模式建立起联系。一方面是我们关于兔子头的印象，另一方面是关于鸭子头的印象。如果我们再往下联想一步的话，只需要将现有的线条延长，配在现有的头的下方。如果我把一个兔子的形象完全画出来，下方就是一个兔子的身体，这就是一个兔子，如果下方是个鸭子的身体，那么这就是只鸭子。概念或者说记忆痕迹范围更广，它比能够看到的线条包含更多的东西，可以使我们看到的图像具有唯一的解释。出于某种目的，我需要哪怕是虚拟层面上看出点什么东西来，这样整体就要么是鸭子的图片要么是兔子的图片。

感知和解读中真正的困难其实还远远没有出现，正如前面所说，我们日常生活当中常常会遇到这样的情况，我们是慢慢才能够形成对事物不同的方面以及一些细节的印象。我们只要想一下著名的油画《蒙娜丽莎》，很多东西是在第二次、第三次看到它的时候才能够发现。当我们越多地观察一个东西，把它放到我们的眼前，就会对它形成越多的理解，并且这种现象对我们来说也完全不是什么坏的体验。我们总是在一个层次一个层次地处理我们的观点，并且慢慢进入到细节之中。对于每种需要被发现的关联性都存在着一个核心刺激（Schlüsselreiz），它能够激活记忆中的某种概念解读。

然而有趣，但同时也令人迷惑的地方在于，就像我们的兔子头和鸭子头例子一样，尽管作为概念解读基础的核心刺激是一样的，从物质上看，至少它们是完全相同的点和线，有着完全一样的排列，相同的曲线和弯折，然而它却能引发我们把它朝着两个完全不同的方向来解释。我们却并不能说：我们看颜色，它是个兔子；而如果我们看线条，它是一只鸭子。如果说核心刺激是完全相同的，但却又能引起截然不同的解释，那么这时我们就可以从这个实验中得到非常关键性的结论，也就是说，在同一个时间点上，对人脑来说有且只有一个概念的形状是可能的，而另外那个与之竞争的概念，至少在同一瞬间处于被屏蔽状态。在另外一个瞬间，另外一个概念有可能居于主导地位，而这又是以屏蔽了其他可能性为代价的。所以说，不是兔子头就是鸭子头，但不可能同时两者兼得。专业英语借用了扑克牌中的行话"赢者通吃"（winner takes all）来描述这个效应，赢者就可以得到所有的东西——而这里的所有的东西指的就是我们的注意力，它只能够涉及事物的一个方面，不可能给其他的替代或者仅仅是补充选项留下任何位置。

我们的工作记忆能处理什么？

这时我们不禁要问一个问题，图片翻转之前，至少需要在一个想象上聚焦多长时间？其实人们也完全可以在家里自己测试一下，只是你很快就会发现，我们的手指根本没有办法快速运动到让时间停下来的程度。所以我们现在不如直接援引脑科学家沃尔夫·辛格

第1章 记忆革命

(Wolf Singer)在这方面已经做出来的研究结果。辛格首要关心的问题是形成知识时的电子生理学过程，因此也就特别关心所谓的关联问题。这意味着，当细胞作为一个个侦察器获知不同的特征之后，是如何叠加并形成一个有关联的印象的。比如说颜色、形状和运动方式。红色的、圆的、静止的：这就是个气球。不同特征如何建立起关联，应该是我们用来解决注意力问题的关键所在，对此，辛格给出了一个令人信服的回答。

辛格（虽然不是他个人，但主要由他带领团队完成）发现，将零星输入的不同特征整合成一个更高级的概念与我们感知处理的时间顺序和特殊的节奏存在相关。它可以令我们的大脑产生有节奏的活动。它们的频率可以作为脑电波在脑电图（EEG）中实际测量出来，如果通过大脑中的电极来测量的话，则会更加清晰。辛格主要研究了视皮层区域，即人脑中处理视觉信息的地方。[19]研究发现，一个频率40赫兹（这意味着每秒40次振荡）的脑电波显得尤为突出。[20]在海马体中也出现了该频率，并且与另外一种成对出现，或者说它嵌入到了另外那种频率当中。另一种频率的振荡为4赫兹～10赫兹，在西塔波（θ波）的范围内。如果啮齿目动物在动物实验中注意力集中地探索迷宫地带时，就会出现西塔波范围内的大脑活动。[21]

通过测量这一脑电波频率，给我们带来了两点启发。由于对不同外部特征的侦察器结合于40赫兹的频率，说明产生相关联的想象需要百分之二秒以上的时间。基于40赫兹频率的脑电波嵌入在西塔波频率范围内的脑电波（即4赫兹～10赫兹）中的事实又可以推导出，只有一定数量的连接过程是可以同时发生的。经过计算，则只有4～10个信息是可以被同时加工处理的。而又由于出现的频率不能描摹整个西塔波范围，因此实际上我们只能得到5～9个信息单元。

这个目前看来通过计算得到的抽象数字在联系到我们的日常生活和学习时还不能过度解读。因为这个平均下来大约为7的频率商数也指出了我们人类工作记忆所能够接受的物体的个数。[22]读者们可以自行测试一下。超过5～9个信息单元时，我们就无法同时接受和处理这些信息。您可以试着给同伴看一张纸，上面有图画、词汇和算式——只让他看一小会儿的时间——然后立刻再来问他还记得纸上有什么。根据信息的不同形式和不同的复杂程度——当然这也和被测者的年龄密切相关，因为年纪越大，记忆力越衰退——所能记住的也就是5～9个信息。

关于记忆力的这一能力极限，我们并非是在脑科学研究获得了关于脑电波频率的知识后才了解的。在此之前，心理学家就通过大量的实证研究证实了这一现象。乔治·阿米蒂奇·米勒（Goerge Armitage Miller）在大约60年前就已经提出"7±2"是一个"神奇的数字"假说。[23]之所以说它神奇，是因为无论我们如何努力刻苦练习都无法使我们在一瞬间记住更多的信息。而我们现在知道，两项研究的结果可以互相比较，互相印证。米勒提出的可以用7±2表达出来的公式对于学习过程来说，就如同宇宙空间中的光速一样：绝对的速度极限。我们不可能以更快的速度来接受信息。有些科幻小说正是试图打破这种速度极限。就如同星际战舰可以通过特殊的推进器达到甚至超过爱因斯坦定义的光速飞行一样，史巴克医生——当然首先也因为他一半来源于火山——也拥有只需把手指搭在一个人的鬓边就能在瞬间下载对方的全部记忆的超能力。实在是太令人羡慕了，我们只需想想，把别人写的一本厚厚的著作读完，我们得花多少时间！

当米勒在测试人脑的能力极限时，他在这个语境中还使用了我们短时记忆能力这样的字眼。慢慢地，研究者如果是以工作记忆为出发点的话，就已经用了更为精确的表述。得出7±2这个公式，并非由于人类的记忆不能把更多的东西储存下来，而是说人脑无法同时处理这么多东西。准确地说，人类的工作记忆并不是记忆，而只是在一种不严谨的意义上，表示人们可以把一些东西同时保存在大脑之中。

作为局部网络节拍器的中间神经元

再回到脑细胞研究上来，因为现在我们想了解是什么东西负责掌管对于工作记忆起到决定性作用的时间管理机制的问题。维特根斯坦的兔子头鸭子头画现象的发现，以及米勒提出的工作记忆数字的极限假设都是较早的研究成果，我们现在需要在新的技术条件允许下探索新的发现。本节的标题已经透露出，我们正致力于寻找大脑中的节拍器。可以说在 10 年前，我们还无法像现在这样给出充分的研究结果。相关研究的重要性也在临床医学的相关发展中得以体现。我们认为，大脑中节奏调节者一旦出现功能性障碍，就有可能导致严重的疾病，如：癫痫（Epilepsie）、自闭症（Autismus）和精神分裂（Schizophrenie）。

为了寻找到人脑活动控制的相关节拍器的合适人选，研究者重点研究了对于记忆形成过程起重要作用的大脑区域。我们已经知道，海马体是起这一作用的重要区域，同时我们将研究的视角进一步扩大到其周边邻近的区域。这其中还包括几乎与大脑皮层所有区域都连接起来的内嗅皮层（entorhinaler Kortex）。人类感官接受的输入集中到达这里，在整理和排序之后，接下来可以在海马体的特定区域中形成记忆。

对于我们需要寻找节拍器的问题，研究人员在人脑中找到了一种特殊的神经细胞——中间神经元。它们的一种特殊之处在于，其轴突并不会延伸到它们连接的局部网络之外。平均每 5～10 个细胞就会有一个中间神经元。形成高度精确的节拍有着极其复杂的机制。我们在这里只列举其中几个相关的重要特征。首先，中间神经元也是神经元，就如同我们已经知道的那样，其工作原理是通过突触上的神经传递素，具体来说是氨基丁酸来实现的。其中有些突触上还具有可以更快速呼叫的感受器。对此感兴趣的人需要了解的是：这里涉及的是变化了的锁闭时间和更为快速的渠道动力（Kanalkinetik）——这里指的是对于信号的反应速度。这些过程非常复杂，在这里我们不详细展开。另外，中间神经元还表现出了另外一种特殊之处。它们不仅具有化学的突触，还有电突触。我们在讲解缝隙连接（gap junction）时已经提过电突触的存在。这种连接相对于化学突触的优势在于，它们可以更快速的方式传递信号。简而言之，一系列特质的综合使得局部网络中最终可以实现期待的共时性。联合出现并起抑制作用的中间神经元和起兴奋作用的细胞处在一种交互作用中。[24]为了更好理解，我们可以把它设想成一种打乒乓球时的样子，从这种效应中产生出我们前面提到的波频。如果有意识地破坏某些中间神经元的功能——比如说通过基因手段关闭缝隙连接——就会导致功能障碍：局部网络中一定频段的活动就无法同时连接起来；而这种情况一旦真的出现，人的短时间记忆就会出问题。[25]

超级指挥家是怎么让不同的行动协调起来的？

就目前的脑科学研究成果的现状来看，直到现在，我们都还是处在一个比较确定的领域内。我们遇到一个我们都知道也完全有切身体会的现象——我们工作记忆的瓶颈——并且我们为此找到了理由来解释其中连接的过程以及时间上的顺序。中间神经元是节拍器和组织者，它通过振荡让适当的细胞在适当的时间点（通常是百分之一秒的节奏）同时被激发起来。正常情况下可以建立起局部的连接，同时形成记忆痕迹的基础也就奠定下来了。

同时，在本章中我们也想突破记忆在日常生活情境中所起的作用，并试着看看它在我们的一些人生问题上所起的作用。而在这一领域，我们就会介绍当下非常新的研究成果，并尝试性地将一些最新结论和我们要谈的问题结合起来。两年前，我的研究小组（H. M.）成功进行的一项实验的结果可以作为我们思考的出发点。[26]

我们的实验涉及中间神经元，并且是与海马体以及内嗅皮层的工作有关的中间神经元。首先我们要做如下的基础性思考：中间神经元可以被看成起某种指挥作用的细胞。指挥的意思至少表示，它们能够打出节拍。然而这个比喻又会让我们觉得，是不是中间神经元细胞实际上担负了比简单地保持神经细胞的某种节奏更多的职能。显而易见的是，在细胞的层面，根本不可能存在着类似乐谱或是程序之类由指挥细胞指令再经由锥体细胞合作得以实现的东西。也就是说，请不要误解了指挥这个隐喻的说法，再强调一遍，它仅仅指

第 1 章 记忆革命

时间上的协调一致。

很快地,研究者不得不提出新的问题:又是谁指挥了指挥细胞呢?局部网络的节拍器当然是其中之一,那么另外的一个问题就是,不同的网络是如何相互合作并在时间上协调一致的呢?

然而事实上情况并不是如同一些人想象的那样,起作用的仍然是一些起抑制作用的神经元——并且它们可以在一个更高的层次上——协调在局部网络中起作用的中间神经元的工作。就像前面已经说过的那样,中间神经元的作用只局限于局部的神经网络。为了能够实现给分布非常分散的局部网络的中间神经元打好节拍,就需要有更远程(专业英语叫作 longrange)的连接。通过光遗传学方法的实验又证实,起指挥作用的神经细胞当中又有一些有着长的轴突,这意味着它们可以投射到整个脑部区域。[27]这种远程连接存在于能够把信息从人脑的一端传输到另一端的投射神经元(Projektionsneurone)中。新发现的这类神经元的工作原理也是通过对其他的神经细胞起抑制作用,然而不同于中间神经元只操控处在近旁的锥状细胞,它们可以控制远处的其他中间神经元。也就是说,它们能够有节奏地控制着那些在局部网络结构中起着节拍器作用的神经元。

现在不妨展望一下有关新发现的超级指挥的一些东西是怎样的。人脑中很多不同的网络最终必须连接在一起,同时协调运作。感官与运动，思考和感觉，假想和回忆等等。由于我们本章准备讨论记忆对于我们生活整体产生的影响，因此，我们可以大胆地猜测：有着更远投射范围的节拍器看起来是能够将不同的能力和禀赋协调一致起来的合适人选。这种协调机制可以使人的能力和天赋达到某种平衡的状态，而这种平衡状态一旦受阻，就会产生诸如自闭症之类的疾病。这种情况下，某种特定的能力往往会得到人脑超出正常范围的支持，有时甚至大大超过普通水平。但是一种能力的超越付出的代价则是，另外的某种禀赋却并没有得到足够的支持，以致不同的能力之间的协调和施展都成为了障碍。因此对于自闭症患者来说，让他们把注意力从他们的特定兴趣转移到他们自身的事务或是其他人的世界中去是相当困难的事情。学者症候群患者虽然有时候拥有某种令人惊叹的天赋，但是与之相对的则是，他们往往无法应对日常生活中最简单的问题。

如果超级指挥的功能缺乏真的是造成自闭行为的原因，那么我们就可以推导出一个对我们记忆的基本设置非常有启发性的结论。从人的生活的角度上看，记忆不仅是新学习到一些东西以及知识的进一步深化，而且是同生活的方方面面打交道，从而应对生活中的各项任务所需要的能力。即使学者症候群患者可以在某个方面有极端的禀赋——比如接触过患自闭症的音乐家的人就见识过，再复杂的曲谱，他们只需要听一遍，就可以准确无误地记录下来并重新演奏出来——但他们很难平衡自己的各项技能，以致他们在生活中处处碰壁。记忆的一项重要任务就是达成某种程度的平衡。这意味着：首先，生活中不同的方面和理解方式需要清楚地相互分开，并使得它们每一个都能正常运行，这一点我们在谈工作记忆的时候已经聊过；此外，各个方面之间不能相互干扰，要建立起一个让它们长期共存、协调运作的基础。这样说来，记忆就像影院中导引观众入席的引导员一样，它负责以正确和优化的方式来分配知识和能力，好让每个个体从整体上看能够适应生活。

"自我传记式"的记忆

伴随着上一节中我们略带冒险性的展望，现在我们马上跳跃到有关我们记忆问题的最高层级。这时问题已经不再关涉具体的组成部分或是某个合用的工作程序，而是我们记忆提供的整体规划。我们想了解在规划整个生活以及以某种有意义的方式来安排生活方面，记忆起到了什么样的作用。

众所周知，在考虑这类问题时，首先回顾一下发展历史总是个不错的选择。我们现在就要先了解一下，人类今天这种新颖且功能强大的记忆究竟是怎么形成的。不过当我们在谈这个话题时，也应该首先明确一点，我们现在做的是一种叫作"重构"的事情，因此我们是在想办法寻求一种有着很合理的理由的答案，然而这种答案的阐释过程我们并不能（从严格的意义上）去证明它。

科学家们目前已经取得共识，在远古人类从动物向人类发展的过程中的某一时刻发生了一次突变。脑量扩大了，特别是脑前额叶（Frontallappen）的容量，并产生了能够记忆事物的新技能。在此之前，只能记忆事实性的东西，比如在什么地方可以找到食物或者在某个地方可以寻求庇护所，现在它又赋予了人们一个新的选项，可以回忆起导致相关的事实性东西的事件。人们可以对事件的过程形成记忆：事情是怎么发生的，如何找到食物的来源，如果找到庇护所，在这一过程中都发生了些什么，中途有没有什么风险，又或是有什么令人惊喜的东西值得期待。这样产生的记忆，人们把它叫作"情景记忆"（episodisches Gedächtnis）。这个命名将我们前面提到的东西都概括了进去，在 episodisch 这个单词中含有一个古希腊语的词根 hodos，意为道路，以及介词 epi，意思为在上面。所以这个词就意味着是通向某个目标的道路上发生的事情。在今天的语用中，这个词汇又含有插曲的意思。如果我们的叙事中引入了插曲，就意味着是把发生的某个事件纳入到了一个故事发展的进程当中。

本来情景记忆是随着在空间中辨别方向的能力发展起来的。它超越了单纯地记住一段距离的过程的记忆能力，又附带加入了一种评估事件的能力。这意味着它必须在一种对比的情境中才可以实现，

第1章 记忆革命

也就是说，它需要去假设另外的一个方案是否更优抑或是更劣。优与劣的判断也必须建立在人脑中设想出殊途同归的替代可能性的场景。情景记忆的一个特殊之处也就显示了出来，某种程度上说是相互矛盾的一种运作方式：因为一方面它要牢牢地抓住某些东西，比如通向目标的途径上的各个事件；另一方面，当前这个通向目标的途径亦不是最终的版本，记忆仍然能够随时将替代选项引入。情景记忆的妙处就在于，它能够处理各种内容，并且在采纳某个方案的同时，又能够反对这个方案。每输入新的信息时，就有可能形成对原有方案的修补性的方案。

如果有人要问，这种记忆模式的好处在哪里，我们可以根据达尔文的观点给出很简单的回答。一个装备了情景记忆的生物有着生存优势。当别的生物对于现状感到满意的时候，它却可以事事想在前面。在情况真正非常紧急之前，拥有情景记忆的生物已经事先有了替代选择，寻找新的途径和解决问题的方案。它可以预见到某些事情可能会出现糟糕的情况，并且在这种情况真的发生之时已经做好相应的准备。如果一条道路是行不通的，那么人在思想上已经事先在寻找别的道路，接着就可能走到一条通往同一目标（也有可能是另外的新目标）的新路上去。新的替代途径的想法必然和理解方式的变化相关联：新途径，新目标或者是原来的目标，只是用另外的观察角度去看待它。前面提到的兔子头

忆见未来

鸭子头的例子可以再拿出来用一次。强盗隐藏自己准备偷袭猎物时，一个很熟悉的身影在他看来没有像往常那样是个鸭子头，而是一个兔子头，很有可能就是他自己内心并不想要鸭子，而是想要兔子。所以总的来说，情景记忆就是不断找到世界上的事物的新的方面，对它们重新阐释，重新感知。

关于本源的叙事总是有着令人惊讶的地方。同时它也会简单得令人惊讶，而且某种程度来说，它也过于尽善尽美，以致在真实性上就打了折扣。在我们的叙事重构当中，可能的怀疑通常并不是针对人脑的发展过程，因为随着生物的演化，我们可以大致推导出这一进程。可以对未来之事进行预测，同时相应地去考虑自己在世界上所扮演的角色的一种动物，显然比不具有这种能力的其他动物有着生存优势。而当我们今天处在后现代的文化语境中时，已经很难立刻相信，人类所具有的这种新的情景记忆能力没有缺点，因而，上述的叙事重构就显得过于简单了。远古时代，从演化历史的角度看来，作为进入未来人类文化美妙而神奇的突变，在我们今天看来就显得并非全无问题。如果我们设想一下最初的原始人类，那么这种有着对未来的事物具有创造力的突变并非出于人本身的意愿。如同社会学家安德烈亚斯·莱克维茨（Andreas Rechwitz）新近发现的那样，从需要持续不断的转变观念并重新规划的意义上理解的创新对我们来说已经成了一种新的律令，我们不得不追随它的步伐，无论我们是否情愿。今天生活在后现代的竞争社会中的人们，如果还想生存下来的话，就没有其他任何替代选择。因此，根本没有所谓真正的突破性行为，因为我们只是跟在必须创新的展望之后奔忙，每当我们觉得自己已经达到了先前展望的目标时，其实我们又已经被落下了一段路。简而言之，我们并不是那个聪明的刺猬，因为我们能够事先预测，所以能把跑得最快的兔子甩开一段距离。今天我们自己是那个兔子，尽管——或者正是因为——我们有着思维上的灵活性，所以我们反而时刻处在落后的地位。

现在我们再来考虑形成记忆这个最复杂又最人性的事物时，就不得不承认，事件并不像我们在关于演化的叙事重构中那样简单地呈现。我们早就需要在生活中寻找方向，它对我们来说应该是瞬息万变的生活中的支点。在这里，我们指的就是形成自我传记式记忆的必要性。大概相当于一个好的小说家可以做的那样，人脑也要尝试着在不断自我发明和创新的倾向中最终仍然能够理出头绪，并让我们的生存有着某种统一。因此，它除了要有背叛一切现存的东西的倾向，以及要有对一切当下还行得通的东西进行创新的倾向之外，还要能建立起一定的连贯性。记忆不仅要显示出我们的视域在不断推移和扩大，还要显示出我们的视域在不断深化。本章中我们重点谈的关于我们记忆工作方式的两个核心要素就是变化和深化，这两个要素也需要有着和谐的统一关系。

忆见未来

    那怎么实现呢？根本上说只需要一个实验指令，它可以让人脑的记忆以自我传记的方式默默地工作。当我们从意识的白天过渡到黑夜时，就可以追溯它了。接着我们来看下一个关于梦境的章节。

Das geniale Gedächtnis

第 2 章
睡觉时做梦和学习
我们如何成为我们想成为的样子?

每个研究人员的梦想是，能够亲身来到他们认为奇妙的事情发生的现场。我们再想想第1章中提及的虚拟的冰箱或是文件柜，我们猜想那其中发生了神奇的过程：如果我们真的能把自己关进这样的冰箱或是文件柜里去亲眼见证一下，究竟是谁隐藏在背后起作用的呢？如果我们能够在我们的意识早就已经完成工作开始休息的时候一窥人脑中发生的整个过程的堂奥就好了。今天的脑科学研究正是在做这样的尝试：揭示人脑的特殊工作时间，看看它在夜晚是如何运作的。

很多人并没有意识到，他们的大脑在睡梦中仍然不停地在进行和学习以及处理信息有关的活动。（理性）的灯光熄灭了，当门关上以后，我们不是在迷茫的夜晚经历一些古怪的梦境，就是已经进入了深度睡眠当中。你不是在胡思乱想，通常我们也不想再去想它，就是迟钝以及毫无意识地在一种无穷的意识的虚无中飘荡。在这里，我们可以事先强调一下的是，后一种印象是错误的，我们在深度睡

第2章 睡觉时做梦和学习

眠中往往进行着非常深入的脑活动,并固化我们在白天学习到的内容。必须承认的是,梦境在天光破晓我们醒来之后虽然如过眼云烟,但我们还是经历了一些与进一步尝试记忆内容有关的事情。

人类有史以来就一直在试图探索梦境中的夜晚生活以及意识缺位时的情况。然后非常凑巧的是——也许不是巧合,而是有着某种深意——最终人们的结论基本上又回到了一开始的出发点,即假设梦境以及夜间的体验与未来有关。梦境中的情景不过是把一些东西提前展现在我们面前,或是让我们去发现某个在白天一直隐藏着的东西。从对法老的梦的阐释到受梦境启发的奥古斯特·凯库勒(August Kekulé)发现苯环,有着一系列从《圣经》中的预言到科学上的假说。如果梦境对我们来说有意义或是给了我们什么指引时,它总是和命运或某种神旨相关联。

很显然,我们也无法证明——就更不用说我们想去证明——在这样的梦境现象中存在着上帝之手。有可能吧,随它去了。我们只是想从科学的角度去逼近这个话题,也就是说来探究一下灵感是从何处而来,并且为之找到身体上的原因。这里用了身体上的(körperlich)这个词,听起来让人觉得像是某种看得见摸得着的东西,其实它指的是非常复杂的过程,沿着一条化学和电学的反应链条我们可以揭开它神秘的面纱。

忆见未来

弗洛伊德和梦境研究的发端

这也是第一个用科学方法来研究人类梦境的神经生物学家的梦想。西格蒙德·弗洛伊德早在19世纪90年代初就已经试图用神经科学的方法来研究无意识和梦境中的东西，不过不要忘了，今天人们对他的批评不断。那个时代是脑科学研究对单个细胞及其延伸的科学证明取得巨大突破的时候［卡米洛·高尔基（Camillo Golgi）和圣地亚哥·拉蒙-卡哈尔（Ramóny Cajal）也因此获得了1906年的诺贝尔生理学或医学奖］。弗洛伊德必然也认识到了，当时的脑科学研究还没有发展到可以澄清复杂问题的那一步，根本上说还只是在起步阶段。因此弗洛伊德在对人类心灵的研究中独辟蹊径，并于1900年（实际上是1899年）出版了他的《梦的解析》，这本书放弃了神经—化学—电学的方法，转而采用了文学的方法。这听起来非常大胆，然而在当时也确实如此。弗洛伊德假设，那些我们没有意识到的过程拥有特殊形式的表达和语言。这些东西人们在看穿其艺术或者诗学的规律后就能把它阐释出来。于是乎弗洛伊德找到了通往无意识的通道，尽管这一方法看起来在科学性方面稍有欠奉。虽然人们无法追溯神经运作的机制，但至少找到了一种可以解码其信息的方式。

20世纪，人们时而激情澎湃时而沮丧绝望地尝试证明新发现的关于梦境的象征性连接，并不断扩大这种认识。这些研究的第一次高潮发生在 20 世纪 20 和 30 年代时。梦境中的事件成为了一种世界观。因为梦境中的事物看起来更有强度，而情节的转折也更富有戏剧性，所以人们立刻想到梦境的世界极有可能才是本真的世界。在那里面，我们才能体验我们更高级形式的存在。所以这一运动思潮也有足够的理由把自己称为超现实主义（Surrealismus）。我们似乎完全远离了尘世，处在梦中，而我们也因此正处在其中。

作为一种解读梦中事件的合适手段，人们创造出一种特殊的写作形式：自动写作（法文：Écriture automatique，德文：Automatisches Schreiben）。它的方法是，人们自由地放飞自己的联想，把想到的写下来，不要去思考。最好的方式当然就是在梦中——如果可能的话，刚醒来的时候，迅速把梦中的消息记录下来即可。据说法国诗人圣-保尔-鲁（Saint-Pol-Roux）在自己的卧室门上挂了一个牌子，上面写着："诗人正在工作"。

另外一种进入梦境的方式是电影。人们认为影院是我们可以映射出自己的心灵生活的场所，并且是非常本真性的心灵。电影似乎是理想的媒体，因为在电影中和在梦境中有着相似之处，人的各种感官同时被唤起，所以由此产生的世界图像（Weltbild）就会和本原的样子最为接近。电影另外的优势在于，电影的画面与日常生活中的情境相比，以一种很集中的方式涌向我们。最终，电影的情节更加密集，情节的转折也更为跌宕起伏。

梦境文化的第二次高潮出现在 20 世纪 60 年代左右。粗浅地来说，人们认为，在欣赏比较费脑子的电影时，我们能够发掘自身存在的内核。在那个时代，存在主义还一直在致力于解决人们日常生活中的操劳以及战后心灵绝望的问题。旧的世界只留下了废墟和残存的背景，人的灵魂深处看起来最终也不过仅存一个幻象——就像在一间巨大的镜厅中，我们的目光最终看到的不过是幻象中的自己。英格玛·伯格曼（Ingmar Bergman）早期的电影作品，如《假面》（*Persona*）就充分表现了这样的时代反思。

超现实主义电影也继续存在，电影中表现了我们如何让梦境中的事件在眼前掠过，其风格也在这样的表现手法中可见一斑。特别是西班牙导演路易斯·布努埃尔（Luis Buñuel）的影片《资产阶级拘谨的魅力》堪称其中的典范之作。两种艺术手法让这些影片成为成功的知名作品：首先是将事件存在主义的方式压缩成为插曲式的片段——总是不断地叙述一段命运、一次婚变，揭穿一个弥天大谎；其次是将故事套入到其他的故事中去。当我们在一瞬间以为自己已经处于一个真实的事件中心时，在下一个瞬间立刻被告知，所谓的真实性在新的语境中完全站不住脚。布努埃尔的电影中就有一个非常经典的场景完美呈现了这一手法：在一个资产阶级的社交场合里，大家坐在餐厅里就餐。突然大幕拉开，刚刚还处在封闭环境中的一群人其实是坐在舞台之上,面对着观众。刚刚还真实且私密的环境一下子就进入到了一个开放的被围观注视着的真实环境中。私密的小舞台成为了另外一个更大舞台的一部分。事件也就变得超现实。

这些就是20世纪的人们在面对我们在梦境中都有哪些脑部活动所产生的期待。现在的问题就是,我们在21世纪之初用纯科学的方法能得到什么。也就是说,我们不再需要寻求利用文学或者电影艺术曲径通幽,而是可以直接把一根导线接到沉睡的生物的大脑中去。换言之,用科学的方法来达成弗洛伊德在一百年前无法达成的目的。

深度睡眠

首先出人意料的一点是,我们处于深度睡眠时并非就没有任何图像和思考。我们小心翼翼地来迫近这个话题。午饭后去听一场报告或者去开会,每个人都经历过。然而说实在的,内容并不精彩。也许前一天晚上也没有怎么睡好。不管怎么样,总会有困意来袭的时刻,我们不断与瞌睡虫抗争。这时常常会出现一种现象,某个东西一下子就一动不动地呈现在你的眼前。在电影术语中把这个叫作定格(freeze),图像仿佛被定住了一样。这种类型的静止画面可以呈现出简单而清楚的思想、文字、面孔还有风景。如果您自己有类似的体验，还可以根据自己的经历添加个性化的内容。无论具体内容是什么，图像都有着非常多的细节，只是一动不动。世界静止了。如果这时候你还能够欣赏这个画面，为什么一丝风都没有，树叶会一动不动，你就有机会重新回到清醒的状态。否则的话，你就会很容易进入到深度睡眠之中。[1]

如果在睡眠之初出现这样的静止不动的图像，就离在这之后还能够产生图像感官的假设不远了——这就意味着，刚刚睡着之后，第一个深度睡眠的过程紧随其后。心理学家用实验的方法研究了这个问题。在睡眠实验室中他们在任意时间唤醒被试者，并询问他们刚刚感知到了什么东西。研究结果表明，浅睡眠的人在那个时刻产生了画面的印象。与我们感人的梦境相比，这种感知在情感上就没有那么打动人，也没有太多与"我"相关之处[2]，它们看起来也变化不大，究其内容和概率，总的来说并不远离我们日常生活中所能经历的东西。[3]然而特别是在凌晨我们睡眠的较后阶段时，深度睡眠中的梦境就更生动而清晰。[4]真正达到了深度睡眠的人往往声称，梦境睡眠之外的状态往往更像一种思考而非感知。[5]还需要思考的是另外一种状况，即梦游这类现象并不是在梦境睡眠的阶段出现的，而是在还没有达到这一阶段的时候。因此，在我们距离清晰而通透的梦境还很遥远的时候一定发生了什么。

关于睡眠阶段的划分也得再说两句。有时候我们觉得一宿没有

第2章 睡觉时做梦和学习

合眼,我们可以发誓,我们绝对没有睡着,但是其实我们只是这样认为罢了,实际情况远没有我们想象得如此严重。在睡眠实验室中,我们可以有更好的方法,并且我们也有可能用客观的方式来测量睡眠及其质量。在这里,我们把测脑电波和睡眠及其阶段联系在了一起,具体点说就是把脑电波不同的频率分开。[6]接下来就是将一定的脑电图模式归入到传统上的梦境睡眠,因为我们在梦境中眼球会在闭合的眼皮下面快速地运动,所以人们又把这个睡眠阶段称为REM(Rapid Eye Movement)睡眠。[7]深度睡眠(在专业术语上又被称为非REM睡眠)时又会呈现出不同的频率模式。就我们介绍的话题来说,重要的是在海马体当中可以测量出来的一种尖波涟漪(sharp wave ripples)。它的突出特征是有尖锐的偏差,同时叠加了高频振荡(150赫兹~200赫兹)。

此外,睡眠阶段的顺序也很有启发性,它对于我们关于记忆的问题也同等重要。在睡眠记录上按时间的推移把睡眠的深度用图表表现出来,同时配以相应测量到的频率。我们大致可以区分出深度睡眠(即非REM睡眠)的五个阶段,越接近醒来之时,其睡眠的深度和长度就会递减。相反,REM睡眠的长度和活跃程度却随着睡眠长度的增加而增加。对于我们关注的话题来说,需要弄清楚的一点就是,总是先有一个深度睡眠的过程,然后再会接着出现梦境睡眠。我们后面会回过头来谈这个事实的意义是什么。

和脑连线

接下来我们要小心地进入到物质的层面,因为我们试验性地把线路接进实验老鼠的脑中。目的在于通过直接接入线路来追踪白天老鼠经历的事情在夜晚时是如何成为记忆内容的。神经科学研究的线路需要接进脑部形成记忆的区域,我们已经知道,海马体和记忆的形成有关。至于我们把线路接进老鼠而不是直接接入人脑,这是有关科学实验的伦理问题。虽然科学家也获得了大量人脑的相关数据信息,然而这些都是在研究诸如癫痫、肿瘤等疾病时获取的。那些情况下,人们是为了发现和确诊相关疾病,然而在人身上做纯粹以获取脑科学新知识为目的的实验是被禁止的。

我们用日常用语说"连线",然而在科研的实践中其实实际的做法要精巧得多,这里只简要地介绍一下。这些线必须非常非常的细,它们的排列和分布也是一门绝妙的艺术。所谓的连线绝对不是一根电线对应一个神经细胞,因为从大小关系上来看,神经细胞太小了。所以科学家总是使用捆在一起的极细的线,而神经元兴奋与否则是通过复杂和精妙的算法获得的。

再来说说连线时线接在什么样的细胞上面。这是一种被称为位置细胞(place cells)的神经细胞,首先于 1971 年由奥基夫(John O'Keefe)描写和定义出来。[8] 从解剖学的形式来看,它也属于我们

第2章 睡觉时做梦和学习

前面提到过的锥状细胞，顾名思义，它的外在形态是锥体状的。位置细胞的名称则是强调了其特殊的任务：它们每次都会在老鼠处在某个特定的地方时兴奋起来。

任何一个可以引人注意的特征，比如说某个地方的颜色或者是形状，也包括气味，都可以成为使之注意的点。简而言之，人们会说，位置细胞构建起了关于某个环境的空间上的地图。事先的经验或者学习是不需要的。即使动物是第一次通过某个空间环境，位置细胞也会活跃起来。活跃起来的细胞的兴奋比例是随着奔跑的速度而变化的。把这些都考虑进去，可以说，位置细胞描绘了周围环境的图景。但是也请不要误会：位置细胞并不是根据周边的环境画出一张1∶1的地图。人的视觉就是这种形式的，外界的物体存在于那里，这些点被感知到，在视细胞中就会相应地得到刺激。而位置细胞则不然，空间上离得很远的两个点，有可能相对应的两个位置细胞会离得很近，反之亦然。

第二个我们需要消除的误会在于，我们不要认为位置细胞会慢慢地建立起一张所谓的世界地图。实际上，借助于位置细胞只能描绘出局部的和非常有限的范围内的环境。在新的环境中，地图就会重新混杂进来。地图上需要注意的点会重新分配给现实中存在的物体，并且相似性在这个过程中不起作用。在一个环境中靠在一起、共同激活的两个位置细胞在另外一个环境中有可能会被两个相去甚远的位置激活,有可能单独各自被激活,甚至有可能完全不被激活。当然人们也做过测试,看看一个局部的可以掌控的环境做出调整时会发生什么现象。一些改建是可以集成到环境图像中去的,从一定程度的变化开始,环境地图就开始重新建立了。这就好像老鼠进入了一个全新的环境中一样。

现在终于可以谈实验了:人们让大鼠去探索一个空间,并记录下什么时候哪些位置细胞会兴奋起来。实验中出现了一个出人意料的结果,当人们研究睡眠模式时,发现在奔跑中积极活跃的位置细胞同样在睡眠中也兴奋了起来。[9] 更加令人惊讶的事情是:睡眠状态时位置细胞活跃的活动进程就是按照睡前越过障碍通道时记录的活动进程来进行的。两者完全相同,这意味着至少在意识中,大鼠经历了一段路程,并且它和苏醒时实际走完的一段路程有着相同的认识标记。而且这个过程并不是简单的重复,这次重播(Replay)很显然有变化。跑完整个路程的过程被提速了。经过测量,大鼠在梦中越过障碍跑完全程的速度大约是白天实际情况的 9~20 倍。所以在梦中重播时,它们可以达到 38.5 千米/小时的极端速度,凭借这一水平,它们与博尔特相比也不遑多让。[10]

如果我们试着对这一现象进行某种阐释的话,它并不是实验老鼠在睡梦中陷入一种速度的自我迷醉中。更可能的推测则是,在进程重播的过程中通过压缩和加速对于已有的体验正在做进一步的加

第2章 睡觉时做梦和学习

工和整理。同时，我们也知道了，啮齿目动物通过这样加工整理信息可以带来的结果是，下次它们进入到即使是陌生的环境中时也仍然有着更好的辨别方向的能力。还已经证明的一点是：当人们阻止大鼠的这种重播行为后，学习的结果就会变得更差。[11]

现在我们可以顺着如下的思路来理一遍：在夜晚进行的重播是对白天经历过的事情的压缩，时间的进程在重播中被显著地缩短了。时间的压缩带来的功能就是可以把学习到的东西巩固整合到一起。在第1章中我们已经提过赫布的学习规则，学习以两个（或者多个）神经细胞同时兴奋为起点。在睡眠状态中将事件进程压缩看起来就有着非常简单而且基础的作用：在重播中，先前（也就是白天苏醒状态中，大鼠跑完一圈）进程中的一些有序排列的事情本来在时间上相隔甚远，却因为时间的压缩而部分地相互重合在了一起。相应地，只要出现了重合，白天一些先后被激发而兴奋的神经元在睡眠中就会同时——虽然有的只是阶段性的——被激发起来。重播的意义就在于，把对辨别方向有着重要作用的需要记忆的点有序地套叠起来。说得更简单一点，就是让这些点变得可以更容易被学习——通过同时激发与之相对应的神经元。[12]

在重播中进行的学习过程实际上要复杂得多。因为并不仅仅是一系列事件的时间进程被压缩了，而是一些事情和另外的一系列事件联系在一起。大鼠（或者小鼠）并不只是把本次睡眠之前刚刚跑过的一段路程再次重复，同时还会把发生在稍前的其他路程一起纳入进来。据专业推测，综合多段路程应该有着把先前奔跑时记录的结果一并纳入的功能，这样老鼠就可以获得关于一个老鼠必须迅速适应并在其中舒适生存的空间更加详尽的图像信息。最终，老鼠可以通过建立地图实现更好的导航。如果这一猜测符合事实情况，那就可以解释为什么老鼠在把苏醒状态下不同的路程信息整合后可以抄近路，英语术语叫作 short cuts，也就是说不重要的东西就被跳过了。

然而在这个问题上有一点人们仍然没有统一的认识，即在睡眠状态中优先复习的具体是什么东西。是在苏醒状态中不断或者至少是时常出现的过程，还是那些对于老鼠来说新出现或者是意料之外出现从而引起它们注意的事件？令人惊讶的是，对于两种假设研究人员都找到了相应的证据。这究竟该如何去解释，还有待研究。但是最终对于老鼠来说，它们未来具有了更好的导航识路的能力，如果这个推测成立，只要不是在同一个情境中，那么无论是新的事件还是过程中的重复都同等重要。两个看似矛盾的东西也可以试着这样来解释，老鼠建立关于地形的地图是依赖于其所处的环境的。如果它跑的更多的是重复的路段，重播中就会优先重现日常的过程，而如果环境发生了快速的决定性的变化，就有足够的理由在睡眠中对此进行很好的复习。

第 2 章 睡觉时做梦和学习

从睡眠中的重播到苏醒中的预演

研究了深度睡眠阶段的现象后，人们发现，重播现象并不仅在睡眠状态下出现，在苏醒状态下它也在海马体或者大脑皮层中进行，如当一只大鼠或者小鼠跑完一段障碍路程后休息的时候。[13]如果在游戏过程中对老鼠有某种奖励的话，可以在重播中记录到更多的活动。[14]这也可以解释为什么在游戏过程中如果添加了一些彩头，可以有助于我们更好地记忆事件。苏醒状态下的重播不仅仅是对刚刚完成的障碍跑的一次缩短时间的重复。它往往更多是从另外一个反方向进行的，也就是说，它是从行动的结束再回到行动的开始。[15]这样的倒放重播首先也是为了让获取的经验能够稳定下来。另外，把记忆的录影带倒放一遍也有可能是让游戏中的内容增多。它可以产生出实际没有发生过的次序，产生出新的组合以及原本并不相邻的元素的重新整合。我们可以这样阐释，在重复过程中对单个的事件进行了重组。[16]

我们现在如果跳到与重播记忆进程有关的最后一个关键点，可能会更有助于我们理解问题。研究人员还发现重播中出现了一些事件的进程，它并不是老鼠在跑完障碍路程之后出现的，而是甚至发生在老鼠进行某个障碍跑之前。这样一来，老鼠进行的就不再是重播，而是所谓的预演。这种预演的顺序则和简单重复时相同，即它是从开始点出发，然后到终点结束。而激发预演的则是一些在特定场合会出现的核心刺激——它可以是老鼠被放在了它已经熟悉的障碍跑的起点之上，也可以是曾经跑过的一段熟悉的路程再次出现。这种行为我们不必去过度解读为动物为了规划接下来的行为做出了某种概念中的预演。它至少很明显地表明这是对于接下来要发生的事情的一次试验性的预演。

这样一来又可以解释前面提到的变化。也就是说，老鼠的脑中并不是只重复了在相似的环境中经历并走过的路程，而是把曾经有过的经验元素以新的方式重新组合起来，这样预演看起来就是一种伪装成可能的替代方案的方法。事先拿出一个方案，在障碍路程中注意力有可能要集中在哪里，哪个位置有可能是重要的，需要特别关注岔道。老鼠因此也就具有了做出某个可能的判断的基础。实验中已经很清楚地表明了，重播和预演都会导致一定的倾向性，让老鼠做出这样或者那样的选择。一项实验中，老鼠面临向左转还是向右转的问题。研究结果证实了一开始的预设：事先的预演次序对于老鼠障碍跑的行为产生了影响。

单个的音符如何组成旋律

有时候在科研当中会遇到一些非常棘手的问题，它们一时之间看起来全然无法解决，然而到后来却又以相当简单的方式迎刃而解。

第 2 章 睡觉时做梦和学习

现在我们就要给大家讲一个在一百年前或多或少地让哲学大伤脑筋的问题。不过有了重播和预演的认识以后,这个问题就得到了比较好的解释。19 世纪与 20 世纪之交,在技术领域一下子涌现出了很多新的突破,如留声机和摄影术的发明,接着电影艺术也迎来了巨大的成功。当时人们试图用这类记录声音和影像的机器的工作原理来设想人的感官,图像记忆类似摄影,声音记忆类似唱片。

如果真是这样的话,就会产生如下问题。埃德蒙特·胡塞尔(Edmund Husserl)举了个听音乐的例子。我们设想一段音符。在某一个时间点上,我们听到了一个音,在下一个时间点上听到另外一个音,接下来的瞬间是第三个音,依次类推。我们假设在第一个音已经消逝的时候,第二个音开始了,第二个音消逝了,第三个音开始了,依次类推。胡塞尔的问题是:我们是如何能够不仅感知到一个由不同的音符组成的序列——先是这个,然后是那个,接下来又是另外一个——而且能够从这个序列中听出来是一段连贯的旋律?这时留声机的模式就不能解释这一现象,因为留声机只是把逐个的声音记录下来,至于如何从一串音符中感知出连贯的旋律却是有待解释的问题。

胡塞尔对这个问题给出了一个临时性的解决方案,他认为问题出在人有时间意识,而机器则没有。[17] 同时他提出假设,在人的感官中,声音会在某个瞬间叠合在一起,而那个瞬间实际上从纯物理的感知角度看,前一个声音已经消逝,后一个声音却还仍未真正响起。感官的当下瞬间回顾过去被胡塞尔称为滞留(Retention),而面向将要到来的被称为前摄(Protention)。但胡塞尔并没有解释如何形成滞留与前摄现象的当下时间点,我们可以用重播和预演的相关发现来进行解释。因为我们现在有了一种解释声音影像为什么会出现重叠的理论模型,即使在当前的感官中并没有出现这样的重叠现象。声音影像的压缩,向后回顾并向前展望,可以使之成为可能。与纯粹的录音和摄像不同,在人的感官中会留有记忆的痕迹,它能跟随着旋律。所以尽管录音机里面记录的只是一个个音符,而我们听见的就是一段旋律了。

到此为止,第一个值得得出的结论导向了一个重要事实:我们的记忆形成会将内容导引到更高层次的目的上去。白天的经历在睡眠状态中再审视一遍,并且再重新评估一下这些内容与我们的目标有着什么样的关系。内容的压缩和保全在专业术语中称为记忆的巩固。[18]只有那些对我们当前的生活能够继续起到帮助作用,并且对于今后的生活有可能是重要的事情,记忆才得以巩固、加强和保持。其他的内容根本无法通过第一道屏障,无法在夜晚的迁移过程中形成长期记忆。

虽然听起来很有道理的样子,然而这只是一半的真相。因为我们会问自己,在接下来的真实的梦境睡眠状态下发生的那么多事情又有何意义呢。当人们从深度睡眠过渡到梦境之中,有些梦境还如此真实鲜活,以致我们醒来之后还觉得当时的场景犹在眼前。或者说就像人们在睡眠研究领域经常问的问题:REM 睡眠和非 REM 睡眠的区别到底在哪里?

我们在睡梦中学习了什么?

关于 REM 梦境的讨论一直是存在高度争议的话题,而且很多方面也只是推测性的结论。特别还因为在心理学方面,弗洛伊德及其追随者投入了极大的热情和关注。然而如果讨论局限在梦境研究的某一个方面,就会显得不那么靠谱。我们现在的问题是,梦境对于学习和后续唤起回忆做出了什么样的贡献。显然,我们有理由把睡眠的各个不同阶段看成各有其功能,并相互补充。深度睡眠的作用就在于,巩固白天学习和经历过的东西,REM 睡眠紧随其后,我们可以在这个时候以某种方式排练和扩展我们学到的东西。

神经学家苏·卢埃林(Sue Llwellyn)和精神病医生阿兰·霍布森(Allan Hobson)尝试回顾人类发展早期阶段的思维。他们认为,人类的 REM 梦境(具体地说是其中的某一阶段)与我们形成情景记忆有关,也就是说与我们能够回忆起一连串事件的进程的能力有关。在人类早期阶段,这种记忆不仅让我们记住某个能找到食物或者能够为我们提供庇护所的地方,还能让我们记住通往这个地方的

忆见未来

路径以及沿途可能会遇上的好事或者坏事。又因为外部世界的变化是很快的——食物很可能被吃掉了,通往庇护所的道路也有可能不通了,或者被别的竞争者占据了——这样,寻找食物和住所的人类需要足够灵活,并迅速转变观念。

REM梦境正是在这方面起到帮助作用。它拾取既往经验的元素,并像彩排一样把它们以新的顺序重新组合。在梦境中充分排演各种可能性,比如当某个源泉枯竭了以后,又必须重新找到新路,原来的一条岔道在白天时更容易通过,它是不是可以成为主路。同时即有的经验也会参与决策,比如在哪些地方潜伏着危机,有可能是自然的风险,也有可能是其他的野兽出没。在梦境中检验可能出现的不愉快是以一种情绪评估的形式呈现的。不论取道开阔的地带还是钻进灌木林,拐进这边或那边,人们都会有不同的感觉,在梦中它是以畏惧和舒适感觉的不断交替来伴随你走在新的道路上并进行充分的排演。我们早期的祖先在白天时重新走到一个已经熟悉的岔路口时,梦境就能够帮助他做出正确的决定。

实践中这就意味着并不总是走原来已经一直走的老路。因此,两位研究人员得出结论,在深度睡眠中进行的对于白天的事件进行简单的重播对此是毫无益处的。相反,"资源—地点—风险"分布的重新组织[19]创造了超越单纯的学习事件过程的前提,从而开阔了眼界。在REM睡眠中,人们在为未来的事物做准备,这种事物迄今

第 2 章 睡觉时做梦和学习

为止还从来没有以它的样子出现过，只是从已经经历过的事情中，人们以特别有创造性的方式排演出新的东西。

我们再回到今天。我们的祖先已经不再生活在这个世界上了，人类作为一个种属也从原人（Hominide）发展成了晚期智人（Homo sapiens sapiens）。然而如果卢埃林和霍布森的推论正确的话，那么当时的早期人类就已经能够凭借其新发展出来的有创造力的记忆能力取得生存优势。他们生存了下来，优于别的种属，并且还把REM梦境的基本功能遗传给了我们。尽管今天的人类已经不用再担心某一水源的干涸或是某片灌木丛后面躲藏了一只猛兽，但是能够适应变化了的世界的记忆方式却没有太多的改变。这一科学假说将是我们下面展开讨论的重要前提。

这样一来我们就可以假设不同的睡眠阶段确实是共同运作的，深度睡眠和梦境睡眠，或者说非REM睡眠与REM睡眠是相互补充的。相互补充的意思是，在第一步当中，那些看起来有逻辑且值得记忆的过程和数据被记录在脑中，说得专业一些，就是一个巩固的过程，它发生在深度睡眠状态中。第二阶段就不是整理和巩固，而是评估和解释数据的过程。出于一种生存的严峻需要，我们的祖先在演化中获取了这种能力，面对危机四伏的生存环境，评估和解释就是一项重要的耐久度测试。人要不断地去寻觅，刚刚习得的某个知识在既往的经验以及（在此期间有可能发生了巨大）变化的外部环境中如何能立得住。外部环境的变化看起来会如此剧烈，以至于在梦境中会排演出非常极端化的情境——虽然那些是在日常生活中往往不可能出现的景象，但是一旦出现，就会使局势发生剧变。相应地，人就必须清楚地做出评估和解释，在夸张的情形和激化的矛盾面前不能有丝毫的退缩。

顺便再说一句，这样的过程完全有可能多次上演，其实必然是不断重复的发生，我们只需要想想，自我的记忆是怎么工作的。这种记忆也显示了我们始终与一种交替游戏相关。一方面，我们的源记忆的作用在于可以唤起记忆中的那些让我们假设某些真相时变得不再那么确信的东西。不同的源可以在不同的关联中去呈现记忆的东西——有时候只需要简单地反问一句，我究竟是怎么会有这样的看法的，就会让自己已经确信的东西变得不那么确定了。另一方面，尽管存在各种可能的疑惑，人也依赖于哪怕可能只是临时性地对事物做出一番解释。最终，我也需要某种程度上的确信，人不能总是在怀疑。那么我们在夜晚以不同的强度度过不同的睡眠阶段就不足为奇了。深度睡眠和 REM 睡眠多次不断地切换着。

关于我们的假设前提先说这么多，现在就该继续谈谈科学研究关于 REM 梦境过程的一些结论了。从研究的接入口来看，神经生物学在这个研究目的上表现出了优势。人们试图用更简单更可信的方式来获取数据。梦境研究中最大的问题就是，梦太易逝了。人还

第2章 睡觉时做梦和学习

没有醒透的时候，最后的一些梦中的画面还犹在眼前。这时候如果你开始描写这些画面，它之前发生了什么，为什么会变成这样，就已经模糊不清了。梦就像我们通常说的肥皂泡一样，即使再轻微的触碰都会让它破裂。有时候甚至只需要一句话提及、一个念头想及即可。[20]

梦境是如此易逝，想要研究它就要把苏醒与梦境之间发生的东西作为科学的数据记录下来，但如果我们能够在白天头脑完全清醒的状态下像放电影一样把梦境过一遍，那将是科研方法的重大突破。实践中，神经生物学真的就找到了方法把梦境推移到了白天的意识状态中。15年来，研究人员一直致力于对人脑中被称为静息态默认网络（Default Mode Network）的研究。它指的是我们人脑中的一个基础设定模式，它相联系的不同活动在人脑处于静息状态时工作。通常当我们正在做的任务过于艰难，我们的思想开了小差，做白日梦或者神游到别处时，静息态默认网络就打开了。这种情形的发生非常频繁，只是我们往往并没有察觉或者也不愿意承认。

白日梦和夜晚的梦境不仅仅在外表上有着相似之处，研究人员还发现，宏观上看，两者激活乃至关闭的大脑区域都是相同的。按顺序激活的区域依次是：楔前叶（Precuneus，即顶上小叶，lobus parietalis superior）、前扣带皮层和后扣带皮层（anterriorer und posteriorer Gyrus cinguli），这一组织顾名思义，是带状的。接下来激活的区域是中颞叶（medialer temporaler Kortex）、海马体以及部分中额叶（medialer präfrontaler Kortex）。外界的感官刺激看似被掐断了。也就是说，这时候并没有看向外界，而是"看"向了自己的内心世界。[21]同样无结果的还有肢体运动的想象。就如同在梦中一样，此时我们的肢体也完全处于一种消极状态，即使在我们精神的眼中它看起来好像正在移动一样。静息态默认网络的活动区域分布中引人注目的是，那些所谓的中心的连接和联网相互之间高度叠合。[22]这与一个大脑在没有什么特别任务需要完成时的工作状态的脑活动的正态分布相似。

我们获得研究对象的相关数据的策略因此和研究深度睡眠时的分析方法正好相反。在深度睡眠研究中，我们先从夜晚体验（重播）为出发点，然后我们直接连一根线到被试动物的脑中去收集数据，再推测出白天具有可比性的过程（预演）。现在我们却要从具有可研究性的白天体验（静息态默认网络）出发，然后再反过来找到关于梦境（REM睡眠状态）的启示。

作为电影的白日梦

我们应该如何来想象一下刚刚列举的那些脑部区域的共同作用机制呢？其中最传奇同时也是最直观的回答当然就是克里斯托弗·诺兰（Christopher Nolan）执导的好莱坞大片《盗梦空间》（*Incep-*

tion)。从影片来看，导演似乎多处受到人脑科学研究最新成果的启发。无论如何，他已经在最新研究成果的基础之上想象出了一个具有典范意义的关于梦的故事。

电影的基本思想已经包含在了电影名字当中。它的寓意在于，重新开始，并且是对于一个人的人生而言。在电影中，通过给一个人植入一个非常强大的思想，它能一下子完全改变这个人的生活。植入思想的过程就是通过诱导和干预梦境实现的。电影的内容梗概在这里就不详细展开，只说一小段与我们这本书内容有关的：一位大企业主去世了，他的儿子按理将继承他的全部产业。父子两人的关系一直就非常不好。一个商业上的竞争对手担心大企业主的商业帝国会成为行业的垄断者。于是他聘请了一位专家［莱昂纳多·迪卡布里奥（Leonardo DiCaprio）饰］，去干扰大企业主儿子的记忆。这位专家因为通晓人类梦境，甚至可以侵入到他人的梦境当中去，因而具有这种特殊的能力。他需要在目标人物的梦境中植入一个古怪的念头，从而让他把父亲的商业帝国弄垮，这样竞争对手才有一线生机。

电影《盗梦空间》虽然有着一些科幻小说的元素。比如在目标人物睡觉的时候只通过一根外部简单的接线就可以连通。一个做梦者进入到另外一个人的梦境之中，并随着其中的情境以及其他人参与者的行为互动。这些参与者在本案当中也都是进入了别人梦境的

忆见未来

客人，在现实生活中也都是操梦大师的同谋。然而电影的梗当然也在于，影院本身也契合了电影名称是一个从某种意义上来说的"重新开始"。说好莱坞是电影梦工厂真是完全可以按字面来理解。我们进入到一个陌生的梦的世界中去，然后我们带着某种新的思想从这中间再重新出来，而这个思想就已经植入了我们的脑海当中，挥之不去了。

现在我们来回顾一下前面列举的脑部各区域，电影的情节大概可以这样整合一下。电影关涉到本原身份，也就是说有关自我的问题，因此有可能溯及楔前叶功能的搜索。我们已知的是，当这一区域不再活跃以后，自我就不再起重要作用。接下来就轮到了后扣带皮层起作用，在那里进行情感的打底。电影中提及父子间有着非常紧张的关系，就是为了埋下某种占支配地位的情感状态的伏笔，同时也指出做梦者情感上的伤痛点在何处。前扣带皮层则是将某种情感的态度和某种特定的思想联系在一起。这在电影中表现为，继承人只有放弃遗产，并完全依靠自己的力量挣得一份新的产业，才可以赢得父亲的尊重，然而这份尊重却终其一生也未能获得。而这种想法当然不是继承人自己本来就有的，而更多的是竞争对手通过诡计想强加给他的——他希望父亲在梦中将这个信息传给自己的儿子。在这个玩诡计的过程中，海马体出场了，它的任务就是要让梦境变得非常生动，一切要看起来都像是真的。

第2章 睡觉时做梦和学习

情节的细节和梦境中的背景要经由特定的辅助者加以控制。电影中就有一位有着神秘主义色彩名字的梦境建筑师阿里阿德涅（Ariadne）*。她的任务就是负责设计迷宫，做梦者能够在这座迷宫中迷失足够长的时间，以至于他能够开始认可需要别人的帮助来逃离迷宫。这时名字和数字密码也是非常重要的。因为这又有可能和某个能给我们提供帮助的人的贡献相联系，这种信息的处理就定位在中额叶，这也是我们前面列举过的脑部区域之一。

最终，并且也是真正有意思的时候到了，电影的活力还在于各种梦境中的事件——而我们的白日梦也是如此——还是故事套故事一样地连环套在一起的。我们并不是被绑架到了梦境的国度中，而是同时依次进入了多个梦境；情节总共浸染了三个层次。我们从一个梦中进入到了另外一个梦之梦中，然后从这个发生事件中开启了一个新的情节的窗口，以便我们从当前的梦中脱离进入到下一个新的梦境之中。开始还像情景剧一样，在从机场开出的出租车上被劫持，到了后来就像007电影一样，在白雪皑皑的山麓和全副武装的军队开战。

---

* 电影《盗梦空间》中的人物，为梦境设计师。该人物的命名依托古典神话中克里特岛国王米诺斯的女儿阿里阿德涅。雅典王子忒修斯为民除害深入迷宫杀死怪兽，他借助阿里阿德涅给他的线球和魔刀，杀死了怪兽并沿着线顺来路走出了迷宫。因此阿里阿德涅之线又寓意走出迷宫的路径与方法。——译者注

忆见未来

　　神经生物学上，我们首先将这样的一种反思能力归功于中额叶的一个部分，研究人员把所谓的心智理论（Theory of Mind）能力定位在了那里。心智理论在我们的语境中的意思不外乎是：我有能力进入到另外一个人的精神中去——我知道那里都发生了什么——并且用从那里出发的陌生视角来看待外部世界。心智理论可以从最简单的认知形式中导出如下结论：我知道，你也知道。这样的精神上的推理我们还可以不断地做下去，以至于最后得出：我知道你知道，你也知道我知道。如果你有兴趣的话，就可以把这种心智上的乒乓球游戏不断地继续下去：我知道你知道我知道你知道……与本书有关的内容则是，我们必须弄清楚，人与人之间的观察视角是可以相交的。在我观察事物的视角中可以加入你的视角，在你的视角中有可能存在我的视角，当然其中也可能包含嵌入了一个全新的关于同一个事物的不同视角，彼此相互交融。

　　我们现在几乎把刚开始列举的清单上参与做白日梦的脑部区域梳理完了，只有一点，我需要比电影《盗梦空间》说得更详细一些才好。REM 睡眠中的梦境和我们的白日梦还是存在一个方面的差别，它正好就在我们最后提到的心智理论能力方面起到一定作用。解剖学证实，白日梦中有一个区域是活跃的，然而在睡梦中是不活跃的：楔前叶。[23] 如前所述，它和我们在事件中的自我感知有关。于是我们——与在白日梦中不同——在夜晚的睡梦中往往并不十分清楚地知道，我们是用谁的眼睛看到梦境中的景象的。设想一下，我们正在飞行中。我们就可以通过主人公的视角来看这个事件，这是一个电影用语，意思就是，用正在飞行的那个人的眼睛在看。精神哲学（Philosophy of Mind）把这个叫作第一人称视角。人完全也可以从外部来看到完全一样的场景，也就是说我们通过一个陌生的眼睛来观察，就好像陪伴着我们在飞行一样。与第一人称视角不同的是第三人称视角。在 REM 梦境中，研究人员推测，人在两种不同的视角之间不断地切换。[24] 如果读者您自己能够非常清楚地回忆起自己做过的梦，那么可以亲自验证一下。

不过我们关于梦境套叠的设想就因此受到了严重的挑战。也就是说，如果我从第三人称的视角观察一个场景时就失去了那个正在飞行的人其实就是我自己的意识。那么也就有可能，突然有一个什么东西落入梦境中的视野，这个东西虽然不是我自己，但能够让我区别出第一人称和第三人称的视角。这听起来很复杂的样子，其实我只是想说：在 REM 梦境中我们是否像《盗梦空间》电影里面说的那样能够进入那么多梦境构成的套叠空间虽然并无争议，但是我们的梦境是否可以如电影中展示的那样，像俄罗斯套娃那样符合逻辑的精巧设计，层层相套，就完全是另外一个问题了。在白日梦当中，我们能够更好地感觉到这一现象，当我们有所察觉时就会问自己：我刚才怎么会想到这些东西？如果我们做出的假设是正确的，楔前叶就为我们思维的顺序织就了一根阿里阿德涅之线，沿着这条线，我们就可以再次把梦境中的画面重新卷起来，再回放一遍。

作为生活舞台的梦境

我们终于回到了在上一章节就许诺要说的问题，我们的记忆是如何面向未来进行工作的——并且绝大多数情况下在无声无息之间，我们甚至都完全没有察觉到它的存在。现在我们也终于可以给骨架添上一些血肉了，睡眠状态中的活动正好可以对这个问题做出很好的解释。

现在我对于记忆的两个不同方面的理解应该更为深刻了，一方面它能够处理信息，另一方面它能够准备性地将信息进行组织。我们再回想一下在深度睡眠（非REM睡眠）中都发生了些什么，在转换进入长时记忆之前，我们试图将白天的印象先压缩成最关键的要点。储存起来的东西必须是将来有可能有用的东西。在最简单的辨别方向的案例中——至少通过动物实验证实——对数据的整合也是以目的地为导向的。诚如白天的行动要以取得成功为最终目的一样，夜晚的梦境中对这一过程的重复也是如此，并且相应地人们只记忆那些能够帮助我们今后在相类似的场景中继续指导我们走向成功的要素。对于一段故事，记忆会自动选择记住其中的梗，就像作家的叙事艺术一样，最终抓住最本质的东西。

第 2 章 睡觉时做梦和学习

我们的记忆从这个意义上讲采取同样的遴选方式,它首先会重新审视一遍,当我们重新进入到白天经历过的类似的情境中,我们回忆起那些片段中对我们有价值的东西。记忆就把白天时断断续续感知到的东西在夜晚的时候加工处理成一个连贯的过程。特别有诗意的地方在于,人们根本不必去观看这样的过程,只要它们是有效益的就足够了。有效益这个词在这里的意思是指我们为自己设立了一个目标,并力图去实现它。至于这个目标具体是什么,并不重要。它可能是在迷宫中寻找食物,也可能是在生活中寻找一个适合自己的位置或者是幸福美满的生活。记忆的任务在于帮助我们找到一条通往这个目标的道路。所以它是一个精神上的扶手,我们扶着它,一点点地去探索未来的未知世界,一点点地去实现我们的设想。

另一方面就是我们在 REM 睡眠的梦境中遇到的,这时的事件又换了一个样子。这时重要的不再是我们为了顺利实现某个既定目标的过程中可能遇到的各种重要的东西,也就是说,我们不再关注一个我们从头到尾一直密切关注其进展的情节。相反,我们关注的是这个情节的框架或者说是一个使规划的情节看起来变得有意义的框架。

可能大家都比较熟悉一句英语表达"He/She is history"。这句话如果直译过来就是他或者她是历史,表面上看这句话没有什么意义。因为一个人只有死了,才会真正地走进历史。可这句话常常用在还活着的人身上。运动员就是这句话在一般语用中比较好的例子，它表示一个运动员还在使用某种已经过时或者淘汰的技术或者击球方式，虽然他或者她暂时还能取得相当好的战绩。这就像19世纪中叶，帆船和蒸汽船进行比赛一样，那个时候每个人都已经很清楚，明天——无论这个过程需要多长时间——必然是蒸汽船的天下，而且这种优势会一直保持下去。帆船已经没有前途了。

在梦境事件的套叠中也发生了如我们所举的历史进程中的例子相同类型的视角转换。一个原本我只是作为观察者视角并且从内部才能进入的事件现在从外部来进行观察。我总是看我最近旁的东西，看我认同的东西，以一个无关者、他者甚至竞争者的眼睛来看。从第一人称视角切换至第三人称视角，不是像平时一样站到舞台上面的情节中去，而是就像我坐在观众席上，无所谓是什么角色，去感知情节。梦境的特殊之处就在于，我自己现在就成了那个用他者和中立的眼睛来审视自己切身利益，审视自己最近旁的东西甚至可能是最喜欢的东西的人。梦境的另外一个特殊之处就是，梦境中我不仅自己会变得积极，而且当别人告诉我一个观点的时候也会如此。并且，我还会多次回顾这种视角转换的过程，多次不仅意味着在一连几天的梦境中重复多次，甚至是在一夜的梦境，乃至同一次梦境当中重复多次。事件的压紧、时间的压缩以及关系的压制导致的结果就是，最终在梦中我们可以经历整个人生。从纯粹的时间上看，

第2章 睡觉时做梦和学习

我们可以在梦中旅行，会在梦中老去。在梦中，生命就像抽拉式单筒望远镜一样，可以拉长，也可以缩短。在《盗梦空间》中，由于其情节的（三重）套叠，时间被大大压缩，以至于刚开始时风华正茂、春风得意的企业家最后以一位早就听从命运安排的白发老人的形象出场。白天的真实生活中可能会降临到我们头上的东西，在夜晚的梦境中就会经历一个持续不断的练习，我们会不断重新以关乎生存的严肃认真态度来对待它。

在梦中，当我们练习式地把视角转变贯彻一遍的时候，时间关系都会在很本质的意义上重新调整。布努埃尔的影片《资产阶级拘谨的魅力》中的核心场景从根本上说已经有了一切必要的调味料，好让重新调整时间关系的基本操作呈现在观众的面前。舞台上刚刚还在追求着某一个企图，所有的演员们都在按照一定的逻辑来行动。然后突然大幕降下，同样的事件就处在了观众的视角之中。对于人们在梦中赢得新的认识起决定性作用的不是观众讶异的反应，而是观众投向演员的目光的反作用——就是那些在大幕落下后才发现他们自己其实是演员并且是在演出一幕剧。情节立刻就无法继续下去，就好像刚刚都是虚无。因为：我现在知道你知道我知道你知道，依次下去，无穷无尽。剧中的资产阶级演员仓促地离开了舞台空间——就是为了避免接下来不再必须经历类似的情境。

诺兰的电影《盗梦空间》最终也关注了重要的噱头：继承者终

其一生都相信,他必须按照父亲的人生轨迹亦步亦趋,才是做出了理所当然的正确之事,也才能达到父亲对自己提出的要求。在梦中,他面对着这有可能完全是一个彻头彻尾的错误的念头。也就是说,他要忤逆父亲的意思,完全背离对他提出的继续经营商业帝国的要求,反其道而行之。并且他也是在梦中或者说是通过梦境才意识到,他迄今为止的存在在追溯一个角色的过程中才慢慢展开。

时间关系因此而发生了剧烈的变化。刚刚看起来还是对可预计的将来行之有效的出路,会突然之间成为历史,历史在这里的意思是指成为和我们毫不相关的事件。原有的出路被新的选择替代,新的选择因为我们对于未来的态度变化而重新开始。在梦境的逻辑中,实际上我们有着一套全新的语法体系,未来也是多样性的。本来选择好的一条道路,并且我们按照它规划了我们的生活,设计了我们的行动,在梦中,我们却拿出可替代的方案来进行测试和对比,并且采用的方法就是设想用旧方法、沿老路已经无法为续的情形。

梦境中情境套叠的语法逻辑意味着,我们把目前为止认为有效并且颠扑不破的东西先用框框起来,就像在巨大的西洋镜中出现的一出场景一样,场景依次出现,无论后面出现什么场景来代替前者。我们连续而有效地跟踪一个目标可以得到未来的某种结果,这个未来对我们的生存来说就开启了全新的时代。我们需要以完全不同于以往的方式开始,并相应地做不同的规划,最后朝着一个以往从未

第 2 章 睡觉时做梦和学习

预料到的目标奋进。

我们的梦中藏着多少真实？

我们的记忆在夜里仍处于积极状态，并且我们将面临着两种未来之事。在第一阶段的深度睡眠中，它涉及临近的目标和问题，比如经历的过程是否可以应用在重复场景中以及这些过程如何优化。在接下来的阶段，也就是 REM 睡眠中，我们的梦境就会关注更远的目标。我们一切的日间体验都会被纳入到较大的语境中来。梦中我们开启了新的源头，并且它们可以让我们在新的环境中尝试以新的场景框架来感知长久以来认为理所当然的事情。从根本上说，梦境中重新排演一遍可以产生一种不安的感觉。不安对我们来说意味着，我们至少对除了我们耳熟能详司空见惯的老套路以外的其他演进方式持开放的心态。这种不安感从我们的气质上说某种程度上带有游戏的特征，就像我们日间也经常会改变各种进程，替换物品，试试看是否令我们满意一样。梦境中，我们会关注整体问题，也就是我们在人生中最终会得到什么，最终会成为什么，游戏变得认真，梦境就可能成为可以改变我们人生的巨大不安感。

因为诚实是毫不留情的，因此它的门槛可能很高，所以梦境有时候也有着教学上的特征，这意味着，它能够一步步地带领我们提出原则性问题。我们每个人都清楚下面的场景：梦境中，我们在路

忆见未来

上正要赶去赴一个重要的约会。半路上我们碰到了一个人,时间变得紧急了。在停车场的时候,我们突然之间成了一场凶案的见证人,醒来后,我们会发现这场凶案是我们周日晚《犯罪现场》电视节目中看见过的。每次遇到耽误时间的事情,我们就越强烈地觉得,无法再准时赴约,最后我们面临着单纯的惊慌。最终,我们的梦境会在我们陷入一种奇怪的无计可施、听天由命的感觉,并且我们会头脑混乱地思考着该怎么办时结束。我们可能从梦境中带到现实的日间生活中的问题将是一个很本质的问题:我们认为必须要做的事情是不是我们真的要做的呢?于是乎,梦境面对着我们必须要做成某事的执念设置了另外一个相反的执念:至少我们可以设想一下原本不可想象的东西然后再看看有可能会发生些什么。

与众所周知的观念以及古代解梦学说不同的是,我们在梦中并不是被呈现了诸如"成为这个"或者"做那个"的内容。梦境更多的是作为一个伴随者出现,它在我们再一次试图致力于一探梦中的片段时,就会谨慎地同我们告别,进入到白天意识的虚无中去了。

当天才做梦时

我们在神经生物学的研究成果和洞见中徜徉了一番后,终于又一次回到了弗洛伊德以及心理分析式的梦的解析的发端。简而言之,

第 2 章 睡觉时做梦和学习

梦就是要从我们身上攫取出最好的东西。它要帮助我们认识到自己的才能与禀赋，并充分发挥它们。梦境能带领我们成为我们本来就是或是可以成为的那个卓越的人。梦境使我们更具创造力。

弗洛伊德甚至大胆地宣称，在我们每个人当中——毫无例外的，因为我们每个都能做梦，也都会做梦——都藏着一个天才，只是有的隐藏得比较深，有的很容易被周围的人看到。弗氏当然也不是自己凭空发明了这样一个关于人的图像，可以说，这是他接受了当时世纪末（Fin de Siècle）颓废文化的观点。尼采（Nietzsche）和瓦格纳（Wagner）早在19世纪70年代时就已经提出要从每个普通人身上挖掘出他们超出常人的能力。且只有谁能做到超出一般，才有权利要求在社会上被他人尊重。这当中有大企业家——当时正值一个建立企业的时代，崛起了克虏伯、博世还有西门子等一批知名企业；大发明家，他们用电灯、电话以及汽车大大改变了我们生活的世界；最后还有大艺术家，他们用一波波激进的先锋运动来推进艺术主流的前进方向。

对于大发明家和大艺术家的天才膜拜在当时也有消极的一面。尽管当时的社会在一切精神问题上自由且宽容，还为发展提供了大量的便利条件，然而在身体，更直白点说，就是在性的方面仍然非常拘谨而压制。德国的威廉皇帝时代和英格兰的维多利亚时代在这个意义上成为宣扬严苛的道德生活的同义词，在我们今天的眼光看来带有严重的小市民习气。从王尔德（Oscar Wilde）到丰塔纳（Fontane）的文学都对那个时代伦理道德的重重禁锢做出了坚决但收效甚微的抵抗。

按弗洛伊德的观点，天才在这种情形下就会非常难受，因为人们不能把天才的创造力和他们富于发明创造的能力同藏在他们的卓越能力之后的原始驱动力截然分开，这种原始驱动力就是力比多（Libido），就是一个人的性本能。在弗洛伊德看来，卓越的创造力和强大的性本能不可分割，一个人不可能只拥有其中一种，而没有另外一种力量。打个比方说，你不能把蒸汽船的锅炉熄灭，还要求推进器继续工作。

如果我们理解了原始驱动力和创造力之间的这种联系以后，就很容易明白，夜晚的梦境是如何帮助隐藏在我们身上的天才能力的。梦使不可能之事变得可能，也就是说，发挥出性本能在社会中是不被容忍的——至少不是所有的在颓废文化时期认为特别具有诱惑性因而加以严格禁止的过分的方式和方法。这样一来，梦境就成为了让那些不可能的事情得以可能的场所。它成为一座舞台，在台上人们可以让被压制的激情充分发泄出来，让不被现实容忍的幻想出来透一口气，但同时又不会影响到自身的生活和人生。

在关闭着的梦境事件的大门后面的小心措施方面弗洛伊德更进一步。我们碎片化的、醒来后短时间内还能回忆起来的梦中一切皆

第2章 睡觉时做梦和学习

为可能的事情远远不够。我们还必须把我们所有一切能想得起来的奇怪念头和古怪事件都解读清楚。梦境有着一种隐秘的语言，它对于我们日间的理性来说具有不可理解的特性。我们梦中出现的人物和事情其实是处在一种密码之中，否则的话，梦境的想象和放纵就无法奏效，成为日间行为的一种减负的发泄途径。梦中的事情就不是它单纯地呈现在我们面前的形式。渐渐地，这一套理论已经为大众所熟悉：所有有着开口形状的东西最终都代表着女性的生殖器官，而所有竖直的东西都代表着勃起的阴茎。象征的符号的使用是必要的，这样我们不会因为道德良知在面对性本能时产生不安感。所以弗洛伊德认为，梦是"睡眠的守护人"。

最新的神经生理学理论就上述假说给出了令人惊讶的解释，从而说明了它的生命力之强和学术研究上的意义之广。科学家们同弗洛伊德一样认为梦境中的信息基本上都是"加密"的，并且把我们重新带到了一个本能驱动的原初世界中。只是这个原初世界并不是个体的，即做梦者个人童年时代的早期阶段，而是所谓物种起源史视角的。比如神经学家乔纳森·温斯顿（Jonathan Winston）指出，人类梦境中活跃的一些脑部区域是我们与我们还属于动物的祖先所共有的。因此，我们的梦境本质上是图像梦境。也因此，我们在梦境中还具有一些其他在演化进程中比我们低等的动物的能力：在空中飞行，在水中呼吸等等。当我们做梦时，我们已经回到了一个把我们同1.5亿~2亿年前的生物结合在一起的社会。精神病医生安东尼·史蒂芬斯（Anthony Stevens）也提出了类似观点。在他看来，梦境遗留了人类400万年前在演化进程中从灵长类中分离出来以来残存的无意识。神经心理学家雅克·潘克塞普（Jaak Panksepp）最近提出了假说，如果我们的梦境非常生动形象的话，那么这个梦境意识其实"也许是来自清醒状态意识一种本源的形式，在那个时候，情感相比理性更容易在竞争中获得资源。这种古老的清醒状态意识形式在演化过程中不断被压制，以至于有着更高水平演化的大脑取得了更大的进步"[25]。也就是说，我们今天做梦的方式其实是200万~300万年前的祖先白天时感知世界的方式。

　　二战以后，在解释梦境方面的理论大大简化，主要原因大概可以归结为两个方面：一方面，天才受到压制的窘境看起来并不那么急切，因为这个时代的人们主要关心的是如何渡过难关，并重建一切。另一方面则是迟至20世纪60年代左右电脑文化的兴起。电脑与人脑之间具有一定可类比的相似性。于是，当人们提出电脑怎么做梦的问题时很快就得到了答案：电脑根本不做梦！

　　前面提过的阿兰·霍布森在70年代提出的一个观点使他名噪一时。他认为，我们的梦境根本没有什么意义，它们只是胡乱被激发的神经元产生的副产品。首先一些信号产生于上脑干，然后这些信号就在人脑的其他地方引起一些任意的东西。这也就是为什么我们醒来以后常常根本无法说清楚我们究竟梦见了什么东西的重要原因。[26]

人们也可以试着从电脑类比中做出点研究成果来。在睡眠中，人只是延续了日间的数据处理过程。精神病医生史丹利·帕伦博（Stanley Palombo）指出，我们在梦境中经历了一个新经历的东西如何从结构上与以前经历过的东西进行对比，直到一致的过程。如果我们在多次反复尝试后仍然不成功的话，就是我们为什么会从梦中醒来的原因。依照内容，在日间的意识中需进一步改进，好让夜间的输入能够再次进入到梦境反馈的整改机制中去。[27]在接下来的夜晚的梦境中又会进行再纠正。

更加激进的观点则是，梦境不过是个把多余的数据处理掉的过程。20世纪80年代时，诺贝尔医学奖得主弗朗西斯·克里克（Francis Crick）和格莱默·米切森（Graeme Mitchison）共同得出这样的结论。[28]大脑皮层中错误的联想途径需要取消掉。梦境就是把硬盘上的位置清理出来，好让处理器在白天的时候不至于过度负载。后来，克里克和米切森又进一步细化了他们的论点，并指出，只有非常少有而奇怪的梦境才具有这种删除的功能。[29]我们在做梦时会再跟随一小段某种疯狂的念头，这样我们接下来就可以非常果断地按下转向键，换言之，梦境就如同荷马史诗《伊利亚特》中的

忆见未来

潘尼洛普*一样。她总是到了晚上把白天织好的东西赶快拆掉。

现在我们不妨来做个小结：弗洛伊德以来的传统解梦理论总是针对着例外情况，也即是我们把白天没有机会或者没有渠道做的事情补做掉。基于这个前提，梦境可以解释成是释放多余的性本能，或者是在演化的史前阶段残存的无意识，又或者更简单地说成是删除占据人脑空间和影响处理能力的多余信息。我们却觉得梦境其实能带给我们更多东西，并且我们始终认为这应该是一个平常状态。现在有必要搞清楚的是，我们的记忆看起来并不单单是一个处理信息——从消极的意义上看，我们在想方设法摆脱某些东西——的地方，同时我们在这里加工处理了一些信息，并且还能就这些东西继续开始别的东西。因此，记忆应该被理解成具有某种积极意义的东西，它能够为我们的生活提供帮助。这时我们面临在梦境研究中一个比较新的发展方向，它通过实验把 REM 梦境和日间意识联系起来。这就是所谓"清醒的梦"，在这样的梦境中，人可以有意识地共同构建梦境中的事件。清醒的梦虽然长期以来为人们所知晓，但只

---

* 潘尼洛普是奥德修斯的妻子。后者随希腊联军远征特洛伊，十年苦战结束后，希腊将士纷纷胜利归国。唯独奥德修斯命运坎坷，归途中又在海上漂泊了十年，历尽无数艰险，并盛传他已葬身鱼腹，或者客死异乡。正当他在外流浪的最后三年间，有一百多个来自各地的王孙公子，聚集在他家里，向他的妻子潘尼洛普求婚。坚贞不渝的潘尼洛普为了摆脱求婚者的纠缠，就用缓兵之计宣称，等她为公公织完一匹做寿衣的布料后，就改嫁给他们中的一个。于是，她白天织这匹布，夜晚又在火炬光下把它拆掉。就这样织了又拆，拆了又织，没完没了，拖延时间，等待丈夫归来。——译者注

第 2 章 睡觉时做梦和学习

有极少数的人拥有做清醒的梦的特殊能力。现在神经科学研究发明出了一种新的方法,让每个人都可以做清醒的梦。下一章节中我们就会以特别大的兴趣来看看,在这样的梦境中我们能为未来的人生学习到什么。

Das geniale Gedächtnis

第3章
高效的梦
根本不需动手指就在进行训练

关于梦境的叙事往往听起来像远方的游记一样，奇特、令人惊愕、充满异域风情。而听故事的时候呢，故事的情节中融入越多的离奇元素，我们在听故事时就会越紧张激动，然而同时我们也会越来越不敢相信故事的内容。事情真的像讲述的那个样子发生的吗？会不会是有人在发挥想象，对自己梦境的诉说反映了诉说者内心的某种愿望，而梦本身其实又完全是另外一回事？如果说故事看起来过于精彩，我们在听故事的时候总会在某个时候提出一个根本性的问题：会不会曾经梦到过相似的场景呢？就像人们必须要问作家卡尔·梅（Karl May）是不是真的亲身游历过老谢特汉德（Old Shatterhand）的国度。有时候对我们自己来说也是如此，清晨我们刚刚醒来还认为一切都清楚地在眼前，但是当我们做出决定必须要看清楚时，就发现梦中经历的东西就像一个大筏子在浓雾中飘走了。激进的观点甚至因此认为，梦境仅存在于醒来的瞬间，它只是一个暂时的幻象而已。打个比方，就像我去电影院看电影，散场后在出

第3章 高效的梦

口处又拿了一张内容简介，而上面写的内容却和我看到的完全不一样。

只有一种方法可以提供帮助：就是我们要实现一种可以现场直播梦境的方法。现场直播意味着，我们不仅要通过电极从外部去测量所谓的电流和频率，还要从内部进行。我们要通过做梦者的眼睛来观察他看到的东西。

在深度睡眠进程研究中，这就已经是科学研究采取的方法，采集到的关于重播和预演的频率就是某种证据证明那里发生了什么，并且可以因此而推测出发生的这些事情具体呈现出什么样子来。REM梦境的研究却还没有发展到这一步，我们目前还无法以类似的方法来反映它。但是我们却找到了另外一种可能性，跟随梦境——至少我们就不必再怀疑梦的叙述的真实性，或者说我们不必疑心自己到底是真实地做了一个梦，还是仅仅凭空想象了一些事情。我们找一个证人，他能够以清醒的理智跟随并见证本来仅仅是做梦者及其生动形象的想象力才能获知的东西。这位证人就是做梦者自己。区别只是，这时他不是那个处于夜晚行为之中的"梦中的我"，而是以完全的意识状态见证梦境的那个"日间的我"。如同我们在探测深坑时，由于自己无法进入而使用电波来和探测器进行通信；在研究梦境时，我们则借助于清醒梦者，他们能够让自己迷失在梦境迂回的走廊中，同时又能保持完全清醒的头脑。

如前所述，一直有人自称掌握了这项特殊的技能。没有什么理由来阻止我们不利用他们来做实验。只是科学家相信这种实验能够取得成功的前提必须是：一、可以按研究者的需要来任意重复这样的实验；二、能够找到证明实验成功的证据。也就是说，我们要能够找到人工唤起清醒梦境的方法，而不是一味地苦苦等待一位异能人士突然又进入到了这种状态。同时人们也需要有一套理论来解释清醒的梦境是怎么产生的，在我们保持完全清醒意识的情况下又成为梦境的一部分，其过程又是怎么样的？

这两者现在都实现了，这要归功于神经生物学的发展。并且其他科学研究，至少体育科学也在致力于开始在实践中向我们的梦境派遣使者。我们下面将要描绘一下我们在睡眠中如何练习，并且大有进步。最后甚至还可以大胆展望一下，当我们能够（至少是一点点）抓住梦境的话，在人生道路的选择上将会发生什么事情？我们会成为未来生活的导演吗？将来，我们可以在睡梦中把生活中没有办成功的事情弄好吗？最终，我们会不会成为更好的人呢？

人们可以在梦中人为地唤起意识吗？

兴奋是显而易见的——即便是持完全怀疑论的研究者也予以承认。来自波恩的心理学家乌尔苏拉·佛斯（Ursula Voss）和哈佛大学的精神病医生霍布森就属于那些不觉得从人类梦境中能解读出什

第3章 高效的梦

么有价值的东西来的人。佛斯直到今天仍然认为,人类的梦境总的来说只是人脑在切换过程中产生出来的副产品。进入到梦境帝国中的探险,不外乎是一场登月计划。[1]他们觉得自己仿佛是宇航员,又重新回到了地球,好"给大家来讲他们的故事"。包括"乐观"甚至"狂热"这样的词汇也常常出现在类似的语境当中。天哪,这儿都发生了什么事情啊,保持冷峻态度的读者在读到一些仅对未来前景持一种中度的乐观态度的作者的专业文章时也不免会这样问自己。也可能是确实在睡眠研究方面打开了崭新而令人无比惊讶的篇章,只是我们对于它的结论之于我们日间的思考工作还无法完全整体地预见。

新近一段时间以来有了一些研究,科学家试图询问被试者是否有过清醒梦的现象,如果有,这种现象出现的频率如何。这些研究的结果差异很大:25%～80%的被试回答有过类似经历。佛斯和霍布森新近的一项研究表明,清醒梦的能力与年龄相关。多达52%的6～19岁的儿童和青少年能够回忆起至少一次清楚梦境。16岁以上,清醒梦境的频率就大大下降。[2]

关于这一改变的原因,人们推测是由于青年人的脑部正处于转型发育期,它与额叶的形成大为相关——脑的这个部位让我们的行为更具可控性和理性,同时也促进成人的科学思维的发展。脑部的转型发育,我们在后面讲成长和老化时会再次提到这一点,它涉及神经连续的皮质改变。而青少年由于额叶部分和脑部其他区域的连接还不是那么健全，所以他们有能力在睡梦的同时经历自己的生活。也就是说在那一刻仍然活跃，然后这一切后来再看仿佛一切都变得模糊而暗淡了。

有趣的是，在清醒梦这个事情上，人们还可以不断地提升自己的能力。如果你能注意到醒和睡之间的那种状态，那么你就似乎能更为频繁地唤起这种状态的出现。还不仅仅如此，如果你对这种状态越熟悉，越能在这种状态中很好地控制自我，那么你就能够对其施加更大的影响。通常情况下，只有大约三分之一的被试者向我们反映，他们有能力对梦境中的行为施加影响。在家的时候频繁出现清醒梦状态的年轻被试者当中，这一比例则高达50％。体育科学方面的研究表明，人们甚至可以有意识地来控制自己的梦境，并由此决定在梦境中具体可以训练什么以及用什么样特殊的方式方法来进行训练。关于这些研究，我们后面还将进一步深入地谈一谈。

关于梦境的报告当然是一个方面，然而我们却想直接地来进行研究，也就是说我们想获取第一手的感情经验。因此，我们需要在清醒梦的瞬间和做梦者本人有交流——我们如何才能知道，他一方面处在梦境之中，同时又真正能够清醒地思考呢？

相当长时间以来就已经有了非常成熟的方法，借助这种方法可以成功地实现与做梦者的沟通。也许《豪斯医生》或类似的电视剧

第3章 高效的梦

的观众们已经听说过，这种方法在一些有着所谓的闭锁综合征（Locked-in-Syndrom）患者身上得到了应用。[3] 当所有的肢体运动功能看起来都失效时——REM 睡眠中正是如此，至少还有一个部位的运动是积极且有意识的——还有一种运动（除了呼吸以外）不包括在内：对眼睛的控制。于是研究人员让实验员和处于清醒梦境中的被试者约定一些简单的信号，它们可以用来说明被试是否处于有意识的状态。眼睛两次左右运动。两次动眼珠是为了将这种主动的动作和快速眼动（Rapid-Eye-Movement）以及脑干信号导致的扫视眼动（Saccadic-Eye-Movement）区别开来。眼皮呈闭合状态时，如果我们主动地让眼珠两次从左向右看，这便是我们处于梦境中时向外界传递的沟通信号。这同时也意味着，被试者处于准备状态，并且听懂了睡梦研究人员需要他做什么。

接下来就是要找到一种好的方法，让清醒梦不再是一种可遇而不可求的偶发事件——就像在广袤的地层中某个地方突然有着一颗钻石在闪闪发光一样。人们必须能生成清醒梦才行；也就是说，要能够有着比较可靠的方法来唤起它，或者更进一步地能够找到某种因果关系，在实验环境中，通过某种输入就可以形成清醒梦的输出。在上章中我们了解到，特定频率的脑电波是唤起意识现象的良好诱因，具体来说就是伽马波段，即 38 赫兹～90 赫兹的波段。

佛斯和霍布森于是提出了一个非常简单的假设：如果说伽马波

段脑电波频率真的和意识的产生有关联,那么外加伽马波段频率——目的就在于刺激大脑产生共振——就应该能在人脑中产生意识,同时也应该可以作用于伽马波段频率的活动并不常见的 REM 睡眠阶段中。外加伽马波段频率则通过电极来实现,电极由一个小圆顶安置在额叶和顶叶上方,也就是包括了眼睛上面和两鬓之间的范围。在专业术语中,把这个叫作"穿颅交流刺激"(Transcranial alternating current stimulation,tACS)。这个过程中的微弱电流达 250 微安培。[4]

  实验结果值得人们认真思考,也许首先的原因就是因为研究人员确实获得了想要的结果,或者说期望中的结果。实验结果显示,受到了刺激的额叶和颞叶接受了研究人员发出的节奏和频率——于是乎,紧接着在调节至 40 赫兹的频率时会呈现出梦境中的意识。通过刺激唤起的意识开始反馈给研究人员,就像发射出去的飞船终于在月球表面降落了,并且开始往回释放信号。

  还有一些事情值得我们思考:只有特定的频率能够被研究人员瞄准的脑部区域接收,其他频率则无效。除了 40 赫兹频率产生效果以外,还有 25 赫兹的频率。虽然其效果不如 40 赫兹那么明显,但相比其他频率仍然有着更好的结果。此外,尤其值得注意的是,它引起了完全不同的结果。40 赫兹的频率时,被试者——实验中,他们并不知道科研人员的研究目的究竟是什么——表示,他们的意识具有一种洞察力（insight），也就是说他们可以洞悉自身的情况。在梦中，他们甚至能意识到自己现在正在做梦。因此，他们会从一个他者的视角来感知梦境中的事件，也就是说，不再是通过一个"梦境中的我"的内部视角，而是一个中立的梦境观察者的视角。自我于是被分裂：它一方面在梦中参与各个事件，另一方面又观察着在梦境中参与各个事件的自我。

于是我们再次联系到在上一章中就已经了解过了的意识现象，它最迟在苏醒的过程中开始做好准备。这个过程，我们如果用戏剧舞台来打个比方的话：做梦的人突然之间体验到他的行为好像在舞台上活动，而又因为他自己同时也是观众，那么作为演员的他必然也会意识到它的行为看起来是一种角色扮演。

此外，还有另外一种效果，在输入的频率为 25 赫兹时，做梦者可以自主地在梦中积极参与各种事件，也就是说可以自己决定事件的发展。戏剧舞台的比喻在这种情况下就是：舞台上的演员有了自己的意志。

清醒梦的治愈作用

清醒梦的能力带给了我们更多无法预计的新的可能性，我们究竟可以利用它们来做什么呢？特别是当我们可以选择去影响梦境中的事件的发展进程时可以做些什么？早在输入电流实验之前，人们已经发展出各种各样的方式方法来提升做清醒梦的能力,并进行一些特殊的练习。比如在白天,或者特别是在入睡前多次反复地尝试着在思想上与出现在眼前的事物刻意保持距离,并且保持全部注意力的高度集中——比如借助于玩电子游戏机,在精神高度集中地打电子游戏之后,被试者达到了一种和自我疏离的状态。其他一些方法则更为古老,比如说通过声音和香气来使"梦境中的我"达到一定程度的清醒效果,以至于让他能够具有自我意识地在梦中做出一定的行为。这些方法有的甚至可以追溯到19世纪。

体育学家丹尼尔·埃尔拉赫(Daniel Erlacher)是这方面的行家。他发现了清醒梦可以应用于科学研究,包括体育训练方法上,并发挥巨大作用。在这种语境下,我们提到清醒梦可以为我们带来很多好处绝对不是没有道理的。埃尔拉赫告诉我们,当人真的处于一种可以自由影响自己在梦境中的角色的状态时,他们首先要做的事情是"飞行和做爱"。[5]

在体育圈里,清醒梦早就不是什么秘技了。在一次针对顶尖运动员的问卷调查中,来自各个运动项目的840名受访运动员中已经有44位表示出于训练目的应用过清醒梦的方法。清醒梦的可行之处基于一个非常简单的考虑。很多运动员在上场比赛之前都会再把运动的程式过一遍,也就是说在大脑中演示一遍。这种思想上的"空练"和梦境有着根本性的差异:空练只是人们假想自己似乎正在练

第 3 章 高效的梦

习,脑海中的训练看起来是真实的;而梦境中的梦则是真实的,此时的幻想如此完美,以至于我们在清醒梦中弯曲膝盖真的可以使呼吸和脉搏跳动加速。当然,实际上大腿和臀部的肌肉并没有增加负荷,也没有得到训练,但是埃尔拉赫仍然看到了这样训练的好处。他的解释是,虽然这种训练并没有促进肌肉的生长,但是运动过程中的相互配合得到了改善。也就是说,在体力相同的情况下,对体力的分配和使用得到了优化,所以运动成绩提高了。还有一些训练方法也有着理论上的可行性,并且过去我们做梦都不敢想这样的事情。众所周知,在进行乐器训练时,为了取得最好的效果,我们需要放慢速度。慢速练习时如果达到了完美状态,在正常速度的演奏时也会达到相应的效果。同样的学习技巧,我们可以试着移植到跳高训练中来!清醒梦训练的好处在于:它能做到放慢速度。一整套技术动作好像在慢镜头中播放一样,看起来就好像我们把训练场地搬到了月球上。*

在身体训练方面,清醒梦展示出了不可估量的益处,然而即使是在精神上,它也可以帮助我们解决一些以前看来比较棘手的问题。人们希望可以通过它来更好地掌握心理上的发展缺失问题,特别是在这些发展缺失开始产生的初期阶段。它能够用于引发不断重现的

---

* 月球上重力加速度小,跳跃动作看起来更缓慢。——译者注

噩梦现象的害怕和恐惧心理。而最根本的问题在于，重复令人抑郁的事件只会不断地加强和固化它们，而不是为了我们心理健康的需要去消除它们。我们会在关于情感的记忆的章节中再详细探讨这个问题。如果我们能够使不好的记忆不断自我强化的机制停下来，并阻断恐惧产生的途径，就能打开一条心理治疗的途径。

人们已经开始试验一些疗法，比如在白天时有意识地让夜间噩梦中的场景出现在眼前，有意识地让梦中的情境再过一遍，只是最后要出现一个良好的结局。人们希望在某个时间点上，梦境中的我可以进入到这种良性的新转折中来，于是慢慢地消除恐惧感。在清醒梦中，人们试图在现场直接重复这个过程，并且直接在所谓的疼痛点上操练。无意识中的事物以非常不好的方式一件件排列起来，就正需要把它们一个个拆散开来。与此相类似，我们也可以应对一些生活中遇到的令我们产生恐惧感的氛围。有的人害怕在观众面前抛头露面——比如在聚光灯下马上就会产生眩晕，我们的这种方法就能帮到他们。在梦中可以很好地进行操练，而这在现实中往往并非轻而易举。守门员在面对点球时的恐惧心理，钢琴家在演奏会前颤抖的双手就都有了解决的方法。

我们在梦中能够赢得一个新的生活视角吗？

就像人们正在努力的那样，清醒梦带来的干预可能性还只是初

第3章 高效的梦

步的尝试。因为我们一方面用它来改善身体的技巧——类似的效果也可以通过另外的方式方法从深度睡眠中达到,另一方面我们试图修复情感方面的一些障碍。从根本上说,清醒梦能给我们提供最好的帮助,并且首先它可以让我们更好地应对日常生活。那些我们已经做过的事情,就继续这样做下去,尽可能顺畅且不受干扰地做下去,或者还能做得更好一些。这对我们来说是至关重要的,运动员在某个训练阶段遇到了瓶颈,无法再获得提升;钢琴家在面对公众时会紧张激动,那么他们就会大大得益于在梦中被传授的应对方法。

但是对于我们在有关记忆的语境中提出的问题,似乎还并没有进一步的帮助。如果我们前面已经讨论过的基本假设正确的话,人类的记忆完全可以超越眼前的日常事物。我们期待着可以获得有关我们人生的视角,而这种视角是我们局限在日常生活的具体事务中时无法获取的。

佛斯和霍布森在他们研究的最后也提出了类似的展望。他们也提出了究竟什么才是人类这种在梦境中反思甚至可以控制"自我"的能力的特殊之处的问题。同时他们在思考,是否这一点正是把人类同动物本质区分开来的地方,即人类并不像动物那样,对一切事物都看成是天然的并加以接受,而是具有某种态度能力——这种态度能力让人们可以对外界的事物保持某种距离感,而且因此也开辟了反复权衡自身行为并放置到一个更大的语境中加以考量的可能性。

佛斯和霍布森在他们的研究中将之表述为人类的"第二性意识"（Secondary consciousness）[6]，两人认为，这种第二性的意识是人类独有，而动物缺乏的。然而，尚无法证实动物就不具备这种意识能力，也无法证实动物不会做清醒梦。很遗憾，我们无法对动物做问卷调查——如果它们能回答问卷，这个问题也早就解决了。佛斯和霍布森因此把抽象思维和以某种理论上的距离感来对待周围世界的禀赋同语言能力联系了起来。

佛斯和霍布森的研究思路依从了一个悠久的人类学理论传统，它的影响一直延续到 20 世纪二三十年代。那个时代的人类学还把自己定义成研究人类区别于动物本质的科学分支。哲学家尼采就曾经发现，动物会囿于"眼前瞬间的事物"[7]，因此没有真正成为人的能力。在它们的生命中所有的活动都围绕着相同的事情：寻找食物和交配繁衍，并且在这个事情上毫无妥协余地。赫尔穆斯·普列斯纳（Helmuth Plessner）继承了这种观点，并把这种人类独有的特质定义为"离心性"（Exzentrizität）。[8]在普列斯纳看来，人的离心性并不因他们有时会以非常张扬而古怪的方式表现自我，这里的离心有着更为基础的意义，即人类在适应周围的环境时，往往会远离由自然为他们设定的中心。至少说他们在意识上能够做到，他们能够理解，如果他们想达成某事，完全可以通过不同的方式。马丁·海德格尔（Martin Heidegger）则又更进一步，他要求我们要有"决心"

第 3 章　高效的梦

(Entschlossenheit)。[9]我们要能够收拾停当，果敢地从我们所熟悉的环境中跳出来，背离我们社会生活中的惯常套路。至于这样的旅途最终去向何方，海德格尔之后的哲学也并没有给出答案。即使人性以其可以展望一项特殊的活动的能力而根本区别于动物本质，它还仍然是一个纯理论以及纯思想上的行动。

灵长类动物研究专家沃尔克·索默（Volker Sommer）长期以来与人们关于人猿的偏见做斗争，他认为，人类常常会高估自己超过动物的那些能力，这仅仅是我们单方面觉得自己具有更多优势罢了。索默指出，人类往往过于轻率地就得出结论，认为黑猩猩不具备所谓的心智能力。[10]然而一只黑猩猩完全有能力在思想上设身处地地进入陌生的情绪状态。而且它也完全能够知道，我自己知道某事，同时也完全有可能知道他也知道我知道这个事情。为了找到答案，人们设计了非常巧妙的实验方法。实验中，人们当着一个黑猩猩的面，把吃的东西藏了起来。当其他黑猩猩也来到实验场地时，这只黑猩猩在其他同类面前就会装出一副毫不知情的样子；同时他还会试图做出欺骗其他同类的行为，比如会不断地远离藏食物的地方，并且通过把目光不断看向别的地方来影响其他有可能和他抢食物的同类的视线。[11]

但是，我们也并不需要证据来证明动物其实比我们的精巧理论认为的会得更多。我们生活的经验就已经足够让我们认识到，区别于动物的人性其实非常复杂，它不仅仅是我们理解的愿意离开惯常的生活范围，在生存的意义上偏离中心，并果断地开启生活中新的可能性，在未来生活中从事别的事情。它还需要有方向和概念，好让我们精神上的自由能够有的放矢。我们有目标以及关于目标的具体的概念。因为我们知道，下定决心改变现状做点什么肯定是非常好的，然而重要的是，接下来怎么做，更重要的是，最后能做成些什么。所以说，关于人性以及关于我们的生存质量的问题，我们不会大概差不多地就依从情绪状态或者尚未考虑成熟的打算仓促行事。我们会非常审慎地考虑计划是否成熟，是否符合一定的标准，最后能够达到所谓的好的、成功的生活。

我们如何在梦境中成为更好的人？

从上一节关于人类学的探讨中回来，我们继续来谈清醒梦的问题，并且具体来谈谈做着清醒梦的我在梦境中的登场亮相。而正是这样的登场亮相能够使我们进入到那种在梦境中更好地理解未来的前景的状态中去。我们前面已经提到过：在 25 赫兹频率时，REM 梦境者不仅开始做清醒梦，同时还能在一定条件下干预梦境，也就是说，他可以在某种程度上参与构建梦境中事件的发展脉络。根据对不同的梦境的叙述，我们大概可以从不同的情况以及程度来理解它。一方面人们有可能在一个给定的故事框架之下指挥梦境中的我

第3章 高效的梦

应该走什么样的道路:如果我刚刚走过了一段路程,还可以主动回过头去再走一遍。另外一种可能性则是,人们可以影响整个故事,也就是说包括围绕在梦境中的我周围的一切场景,直到改写故事并朝着某个既定的结局发展。再有就是,做梦者通过积极的干预成功地使梦中其他人按要求开口说话,这就相当于直接接手故事的导演职责。无论是哪种,人们都想询问当事人。电影《盗梦空间》里面刚刚去世的父亲对正在找寻人生意义的儿子说了什么?导演梦境最终的干预可能性就在于询问梦境中的我,并促使其说话,告诉我们,他的周围是什么样子,以及接下来会发生什么。

不过还是要按顺序来,我们先从身体上的东西开始。在梦境中一段已经走过的路程再重新走一遍的能力已经完全能够说明问题,并且能让我们将其与要求更为严格的目标联系起来。做清醒梦的运动员在日间已经经历了某种训练的程序,然后在清晨的梦境中他再按自己的想法和要求重新过一遍。按照具体的技术动作要求,这是一个非常复杂的过程。一位体操运动员就讲过,他可以把一整套体操动作的每个细节都完完整整地过一遍。[12]

在叙述层面——也就是说,在改写梦境中的故事脚本时——好莱坞又给我们设定了自己的标准。电影《盗梦空间》可以作为一个极好的例子:当生活的脚本重新定义之时,或者说,当生存或者伦理的问题出现时,事情会发展成什么样子。在美国电影文学中惯常的情形则是，作者都会认为，主人公应该拥有一个生活中的"二次机遇"（second chance），并且通常也都获得了这样的机遇。通常的套路是，主人公的生活陷入一团糟，生活开始偏离轨道，并且情况越来越糟。主人公还失去了行动的最佳时机，麻烦将会接踵而至。正在这个时候突然就出现了新的选择机会，主人公可以从头再来，一切从零开始。这一切往往发生得非常突然，以至于在欧洲人的眼里看起来似乎一切都还未准备好。绝大多数情况下，当剧情中的一对男女——电影海报已经剧透给我们，剧中男女必将最终走到一起——在第一次相识之后就旗帜鲜明、针锋相对地争吵不休。我们不禁要问，电影脚本如果这样开场了，要怎么收尾呢？然后一切就神奇地发生了，电影中他对她或她对他说这样的话："刚才的一切真是太糟了，我们重新开始吧，我的名字是××。"整件事情的神奇之处在于，这样居然还十分奏效。刚刚两个人还互相往对方的脸上扔东西，现在就一下子把黑板擦个干净，好像什么都没有发生过一样。

　　这种笃信从头开始的神奇力量的背景是一种宗教上的动机，具体地说是基督教新教关于人是如何在寻找人生的意义时在世界上找到自己的位置的假设。基督教认为，上帝已经预先决定了我们人生道路上的一切事情，他有着一个救赎的治愈计划，遗憾的只是我们人类在我们终端的视角上无法洞悉它而已。所以我们依赖于通过尝试和错误来找出上帝为我们做出的安排。职业的选择可以看成一块不错的试金石。因为以新教的宗教观来看，职业（Beruf）与上帝的召唤（Berufung）有着某种关联。人在此生选择了从事某种职业，那么在彼世就有希望相应地被派送到相应的地方。

电影《盗梦空间》中，梦中父亲临死前的忠告在这一文化背景下看起来就如同预先到来的上帝的判决。儿子不应该选择这个职业以及继承遗产这样轻松的道路，而是应该选择从头开始的困难模式，在这条道路上他将要找到自己的定位，而这个定位才是真正为他预先设定的。所以说，坚决地拒绝继承遗产，他才能成为一个更优秀的人。

在这样的观念中长大的人，会因此在梦境中得到非常确定的信息。问题在于，首先要得到一个新的机遇，然后才是如何去利用好这次机遇。如果此时有的读者回想起自己做出对于人生发展有着重大意义的决策时的情形，我们一点都不会感到奇怪。读者们可能还能回忆起来，在这段时间内，梦境会显得更为活跃而深刻。记忆和它关于我们人生道路的基础工作此时被调动了起来，它要求我们在这个时候一定要慎重对待。再进一步，如果我们能够成功地像一名导演一样进入我们自身的梦境，那么我们就能够成为我们未来的真正导演了。

本章的最后还想再介绍一个东西。种种情况表明，伦理道德方面的建议在梦境中看起来异常突兀，且常会令做梦者猝不及防。电影《盗梦空间》中安排的情节也是如此，梦境中好的建议并不是做梦者自身精神世界的产物，而是外来的导演者干预的结果。所以这不是符合遗产继承者本人的生活以及所处状态需要的解决方案，而是为了解决父亲的竞争对手和他找来的帮手所面临的财政困难。当然，在现实世界中这也是为了让电影投资人能够借以收回拍摄电影的巨额投资。电影《盗梦空间》英语原名"Inception"的意思就是重新开始，因此它也和欺骗、欺诈（deception）有关，也就是说在某种程度上受到蒙蔽。

新的开始从根本上说也蕴含着风险，因为此时你将大胆地进入到一个陌生的领域中去。生活中亦没有出现什么能够召唤你朝某个新的方向迈进的东西。你既没有做任何的先期准备，也不知道接下来会发生些什么——并且当然也不知道，你这样做下去是否会出成绩。背离既往所走过的道路，重新尝试些新的东西的善良愿望，有可能在一番努力之后被再次证明不过是另外一个歧途。我们的梦境会以让我们尝到失败的滋味的方式来演习这些情境。这种体验如果不断重复出现，做梦者仿佛置身于电子游戏的情景之中，不断在故事情节的最后看到屏幕上跳动着的"Game Over"的字样。梦境会不断警告我们，并促使人们反复思量，新的计划和草案是否与现有的理论以及我们可以具备的才能相联系。这是非常必要的，否则的话，我们的人生，随着我们生活的时间越长，越可能成为一个个相

第3章 高效的梦

互之间毫无关系的孤立片段。当我们回首往事的时候，就会觉得像是在转动万花筒，每次都会通过某种行为让一切重新开始。而我们的生活是否具有统一性或者说我们的生命究竟在追求什么的问题，仍然没有得到回答。

随着我们年龄的增长，这种愿望也越来越强烈。至少我们的人生履历如此，纵观一个人的经历，可以很明确地看出，无论其生活轨迹的发展有多么精彩纷呈，其最终的结果有多么千差万别，但是从中都可以看到人格的作用。那中间存在着一个"我"，他不断地在生命中通过回顾来重新发现自我。可以说，自我符合某种叙事技巧，它和一篇文章中贯穿始终的红线（der rote Faden）类似，连接了我们在这个星球上短暂的一生当中的所有高潮和低谷，所有转折和决策，所有碌碌无为和虚度光阴。如果说生活的发展不是一条直线向前的话，那么其中还是有一些能让我们感受到朝着某个目标迈进的瞬间。精神科学上把这个叫作目的论（Teleologie），即朝着某个尽管可能只是存在于潜意识中的终结的方向。

德国著名文艺批评家拉尼茨基（Marcel Reich-Ranicki）的表述就没有这么抽象了，有一次他用了一个近乎黄段子的话来谈这个话题——当时他看起来并不觉得这样说有什么不好，而且似乎还带着一丝德国南方人特有的优越感来说这番话。小说家在进行文学创作时的智慧在于"你不能跟所有的女人上床睡觉"，此处突然全场寂静，然后包袱抖开，"但你必须尝试这样去做！"这句话最早出自意大利歌手塞伦塔诺（Adriano Celentano）之口，当然也许这个说法还有更早的渊源，可能来源于相关的民谚或者俗语。至少它表明，一个试图不断追求女性青睐的唐璜的行为也应该保持一致性，尽管他的存在可能是不断遭遇到拒绝和失败而反面勾勒出来的。但是即使如此，人们也可以看到他的个性。

让我们再从梦境的帝国回到现实的生活中去。因为生活这样宏大的任务不可能仅仅通过清晨的时光或者顺手就可以完成解决。它需要我们投入全部的注意力，我们必须要问自己，白天或者夜晚梦境中究竟想了什么。必须在清醒的意识状态下做出决定，此前我们可能只是模糊地考虑过这些东西；我们要给生活中的东西指明方向，而此前我们可能只是在记忆准备工作中粗略地想过。也就是说，曾经用细铅笔打好的草稿，现在需要用粗墨水笔在上面浓重地画上线条。

但是如果我们在清醒意识下做出了和记忆信息明智的建议和有益的劝告相反的决定会怎么样？如果我们故意不按草稿来画，系统性地重新构图，完全推翻记忆事先为我们勾勒好的线条又会发生什么事情？再把这个问题向极端化推进一步：我是否可以决定一件自己亲身经历且清楚地知道它的真实情况是怎么一回事的事情？也就是说，我能否让自己的记忆不再追随真相，而是追随

第3章 高效的梦

思想的源头即我们的愿望？自己的记忆是否可以有意识地进行操纵，有目的地欺骗它，甚至出于某种犯罪的目的而为假象来做证？我们将会通过一个案例来说明这个问题。下面我们将移步法庭，来看看实际的情况。

Das geniale Gedächtnis

第4章
想象和虚假回忆

我们的记忆会坦率地欺骗我们吗?

我们现在坐在一起强奸案的庭审旁听席上。正在询问被害人。究竟发生了什么事情？行为人具体是怎么做的？当时的行为伴随着什么样的外部状况？在那个冬夜下雨了没有？为什么当时没有任何一位邻居听到任何声音？受害人为什么先在自己身上造成了挤伤，后来又用照片记录了挤伤后形成的血肿，这究竟是怎么回事？而且这些挤伤和血肿的位置正好处在与强奸行为密切相关的一些身体部位，为什么会这样？受害人能否再次将嫌疑人当时的行为重复一遍，请不要略去必要的细节信息？

在询问过程中，受害人看起来完全是真实情感的流露。她在回答问题时突然哭了起来。问话被中止。嫌疑人或多或少地带着无语的神情注视着这一切。最终他侧过身来，靠向自己的辩护人，脸上带着愤怒的神情对他低声耳语着什么。旁听席上一位略通唇语的观众声称，嫌疑人在对辩护人说："这都是她编造出来的！太不可思议了！她怎么能这样——她又怎么可以这样？！她如此满口谎言，但她

第 4 章 想象和虚假回忆

自己竟然可以相信自己说的是真的？这样的事情是根本不可以凭想象来泼脏水的！"

我们至今也无法搞清楚，在那个夜晚究竟发生了些什么。当时没有无利害关系的独立目击证人，而直接证据却完全不够说明强奸行为的成立。根据所谓"疑罪从无"的原则，男性嫌疑人被无罪释放。

现在我们感兴趣的是另外一个问题，这个问题已经大大超越了本次刑事审判的结果：人们真的可以在脑海中想象出戏剧性的情节，并且真诚而坦率地认为它真实发生过吗？是不是我们一定要认为女性受害者弄错了，或者说她根本从头到尾就是在说谎？有没有可能人们真的会对在现实中完全没有发生过的事情形成一段感觉上很真实的回忆？人们能不能仅凭自己的愿望就把幻想出来的事情当成真实的呢？人们不禁要问，当我们的意识虚构出某个事实后，是否心中对此仍然会存有一丝怀疑，即使这种怀疑只是隐隐地存在着？

当我们的记忆失效时

我们在这里讨论的话题可以归入到"虚假回忆"（falsche Erinnerung）这一大类话题中去。[1]关于这个问题已经有了很多相关研究，发表了相当多的论文。一般来说，研究者都首先认为，当事人主观上是想尽量避免出现虚假回忆，而记忆却仍然出现了本不应该发生的错误。我们的问题旨在于另外一个方向。我们不想知道虚假回忆是怎么产生的，并想方设法来避免它的出现；我们关心的是人们是否能够以及如何能够主动唤起虚假回忆。在这一语境下，我们又要再次提出前面的根本假设：我们的记忆不是简单地存放过往感知的地方，它还可以展望未来，并且具有高度的创造能力。它可以组织和重新分组信息，分类并评价信息，就像影响我们的发展经历一样，为将来的发展打下基础。如果说它不仅仅像会计一样，把平时输入的信息逐条储存，还处理着个人发展经历的内容，我们就会相信记忆有着超凡的能力。只是这种超凡能力在这里并不一定意味着是什么好的事情。迄今为止，我们所认识和了解的记忆相当于一个智囊，它可以使我们成为自己生活艺术的大师。但是现在我们开始怀疑，记忆这项天赋能力是否忠诚到不可收买？它有没有可能腐化堕落，从而最终从真相中制造出虚假的东西来？

  首先先谈谈纯技术性的错误。在这里我们把记忆理解成一个存储介质，从而便于我们理解为什么记忆会出现错误。总的来说，我们只需要关注记忆过程中出现的错误就可以了。它可以在三个阶段中产生：就像一台电脑一样，会有信息的存入或编码转换的过程、信息的存放以及读取储存的信息三个阶段。首先在信息的输入过程中就很容易产生错误。比如我们把感知到的某种知觉信息和与之相关的概念联系起来就不是件容易的事情。比如某人不理解眼前究竟

第 4 章　想象和虚假回忆

是个什么东西，那么在接下来的记忆测试中他对这个东西的回忆也相应的模糊不清且错误百出——道理非常简单，记忆测试中只是发现了错误的客观存在，而实际上，错误早在一开始就已经存在，并且我们输入信息和读取信息的过程也不可能使开始就产生错误的信息更加正确。所以说，如果我们在认识事物时找不到合适的相关概念，那么在形成记忆时也会产生较大的困难。研究表明，如果人的智商越低，那么总体上产生虚假回忆的风险就越大。[2]此外，脑部额叶受损的患者也表现出特别受这方面问题的困扰。[3]

信息存入的另外一个问题则源于我们人类的注意力是有限度的。我们往往同时只能感知有限个数的事物，并有意识地去加工处理这些信息。如同我们前面已经讨论过的，这和我们海马体以及相邻近的脑部位中的电波频率有关，我们最多同时可以处理5～9个概念。如果我们面对一个过于复杂的图像，且各种信息一下子涌到我们的眼前，那么我们不得不失去很多细节信息，因为信息的复杂程度已经超过了我们的领悟能力。这种现象专业上称为工作记忆针眼。

如果工作记忆在工作中遇到更多困难，那么上述效应还会表现得更加明显。特别是当人们处于精神压力之下时，会释放更多的神经调质和荷尔蒙。其中特别值得一提的是糖皮质激素及其在脑中所产生的作用。首先，它可以提高突触的效率。这导致压力和紧张的瞬间能够更好地进入到人们的记忆当中。但是，同样是这种激素会

忆见未来

在当前或后续的一段时间中对负责另外的刺激和输入的其他突触起抵制作用。这时，我们接下来遇到的所有事情的印象都会记忆不清。从自身的经验当中，我们也或许会发现：紧张度越大的时候，我们对于造成这种紧张情绪的瞬间的记忆就越鲜活，然而同时也会把紧接着发生的事件大面积地遗忘掉。梦魇中极度的压力最终甚至会让我们对接下来发生的事情全然没有记忆。[4]

虚假回忆的产生还在于，有时候我们在感知和加工过程中出现的一些空白被填补了。类似的情况我们有时候甚至会有意识地去做，比如我们在接收信息时没有全部收到，或者说没有全部弄懂，事后则会想方设法试图把一些零散的事情联系起来。我们会判断被感知的事物的大概情况以及归属于什么范畴，再试着把缺失的细节通过我们的回忆来补充完整。这个过程可以非常符合逻辑，充分思考过后，一个物体基本上应该还总是它固有的样子：比如一辆汽车还是有着它自己的形状，大众甲壳虫汽车是圆圆的而不会有棱角，草也是绿色的不会是红色的。回忆只可能在当我们平时惯常的东西不再是那个样子时才会被植入谬误：如草不再是绿色的，而是紫色的（如在塞尚的画作中），或是大众甲壳虫汽车经过了改装，最后看起来是方形的。

类似的脑补情境还会发生在人们再一次把情感投入到当时的情境中去的时候，我们就会有一些本应该感知到但实际上没有感知到

第 4 章　想象和虚假回忆

的东西。这时，我们就会设想如果再一次处于这样的情境之中，将会怎么样，人们会生动而形象地假想在类似情境中，我们会遇到什么样的事情。于是，真实经历中印象缺失的空位就会被我们在类比想象中感知到的印象所填补，并且人们会尝试添加新的印象，看看它能否符合当时的情境。如果我找不到我的钱包了，我就会试图重构我可能会把它丢在什么地方的情境，并在脑海中去上述所有可能的地方寻找。

当然最终我们还可以让我们的想象自由驰骋；这样一来就是单纯的联想，即它取代了我们本来应该获取的真实的印象。这种情况在专业术语上叫作"干扰"（Intrusion）。它恰恰会在我们试图构想当时究竟可能发生了什么事情的时候出现，并且这个时候我们也没有意识到正面对着记忆的空白。干扰性记忆在当我们作为证人出场时就显得非常尴尬了，因为我们自己也不清楚当我们作为证人的事实性陈述中掺杂了多少想象的成分。

记忆中的干扰现象最终还会导致一种我们称为虚假再认知（falsche Rekognition）的现象。特别是对一些年代已经非常久远的事情，我们实际上已经不可能对其有印象，然而还会倾向于超越对于细节信息的添油加醋，甚至认为事情的整个情境和事件都是我们的亲身经历。孩提时代的经历往往特别容易受到左右。只需要有一个权威人士（比如哥哥姐姐或者父母）或者一张看似可以作为证据的照片就可以让我们怀疑自己的想法从而听从外来的说法。后面我们还会再谈论这个话题。

记忆的错误还可以——从纯技术的角度讲——产生于回忆内容的储存当中。比如我们常常会觉得我们记住了一个事实性信息，但却想不起来我们是怎么知道这个东西的。这种情形我们把它叫作"信息源监控"（Source Monitoring）类错误。每个笃信自己对于精神产品具有原创性的抄袭者在记忆的信息源监控方面都是千疮百孔的。他们相信是自己想到了某个东西，并且不再记得实际上这个东西是从别的地方看来或者听来的，更不用说这些东西是从哪里看来的，或者是从哪里听来的了。

最终，我们在读取储存的信息时也有可能产生纯技术性的错误。众所周知，当我们想不起来一个人的名字或者一个单词怎么说，特别是我们觉得跟这个人很熟悉，或者这个单词我肯定会的时候，这种感觉相当尴尬。这时候我们觉得它就在嘴边上（Tip-of-the-tongue-Phänomen），但就是说不出来。这种现象也有神经科学方面的解释，大约较高的多巴胺水平会阻止我们在看到图像或形象时找到它合适的名称。这时我们过于集中于当前的任务，以至于无法完成另外的任务，一般来说，在喝了过多的咖啡之后就会出现这样的情况，不过当精神的紧张度再次放松之后，又会恢复正常。当这种情况出现的时候，人们一般会建议不要有太大的压力，大脑的活动某种程度上说和我们的消化功能有些相似。

技术上的失误还是有意识的欺骗？

技术上的失误是一方面，另一方面当然就是个令人不快的问题：其实是有意为之？从根本上说，我们不太能够想象这种假设，因为它实在有违我们的直觉。然而我们要知道，人类的情境记忆的运作本来就不是完全准确的——至少我们把它和其他的一些记忆类型相比时是如此。一些研究人员大胆猜测，造成这种现象的原因可能在于，情境记忆不过是生物演化长河中一个相对较新的产物，所以还不是十分成熟和完善。另外一些人则更进一步指出，如果我们考虑到演化中自然选择的标准，那么这根本就不是情境记忆真正的功能。什么样的生物才具有生存上的优势呢？是那些在时间旅行中一直抱定自己的过去的？一些研究指出，情境记忆是一种美化我们的存在的手段。[5]从根本上说，它是无聊的产物。

但是，我们现在还是要再严肃地看一看这个问题，因为就如同本章开始的例子说明的那样，有时候我们需要记忆为我们做证，我们迫切希望记忆为我们提供可信的信息。虚假回忆往往特别会在人们的记忆本来已经出现了薄弱环节的时候越俎代庖，所以人们猜测虚假记忆是从记忆的漏洞中生长出来的。[6]就像前面已经说过的，在信息输入环节，我们就并不能接受所有将来可能会变得有用的东西。

随着时间的推移，记忆会变得越发苍白，这意味着突触的连接变弱，信号的强度减弱，回忆也变得模糊。在再次回忆发生的事件时，我们往往也会过于集中于事件的某些方面，而对另外一些方面，它们似乎还在眼前，但就是说不出来了。在这些记忆的空缺处，只要你带着某种目的，就可以植入一些东西。

左右记忆的内容还需要达成一定的基础条件。首先，外来植入的观念不能和我们自己的经验直接相左。如果我们对于在某时某地做过些什么还有着非常生动形象的记忆，那么这个时候尝试说服我们在彼时彼处其实是做了另外的事情就不太容易成功。如果既有的记忆在时间上和新的内容相重叠，也会不断地阻止你去接受它们。而当相邻近的记忆明确无疑地否定了这种说法时，我们说服自己就更困难了。

同样地，和我们一切既往的经验相左的东西，也是很难让我们接受的。比如有人试图对你宣讲二加二等于五，是不可能成功的。因为我们大脑中分管计算能力的部位会自行检验话语中相关的内容是否正确，并会在错误的情境中直接关闭海马体。[7]这样一来，一个无意义的信息就被屏蔽在了外面，我们不会再浪费多余的精力去接收和加工它了。如前所述，孩提时代的经历的记忆比较容易受到诱导，因为那些事件发生的时代过于久远，且记忆的空白也相对较大。我们往往也不确定，用什么样的标准来衡量多年以前作为一个孩子

第 4 章 想象和虚假回忆

的心性所做出的事情。我们也无法确定地知道,我们当时会或者不会做出某种行为,于是乎在这方面我们就比平时更快地接受别人提供的信息。我们会比较容易怀疑,是不是我们自己的记忆出现了偏差。

当最基本的前提条件满足之后,虚假想象的植入总是遵循着一定的基本模式:人们在不断地尝试,把后来输入的印象——为了叙述起来更加明确,我们把它们叫作二等印象——当成是自己亲身经历过的东西,也就是说让它们成为所谓的一等印象。画面、声音、完整的场景乃至对事件的报道不断地呈现在人们的面前,以至于人们终有一天会把这些事情看成是我们当时就在事发现场,身临其境。

试图混淆亲身经历和传来经历的第一种方法是比较简单的:人们不断把虚假的、混淆的信息呈现在我们的面前,或者我们的脑海中不断浮现出这些信息。隐藏在这种方法后面的思想方法也非常简单:当一种混淆的虚假信息在我们面前呈现得越频繁,我们在对这些不断重复感知的信息进行评估时就会越来越倾向于不再关心这些信息在我们亲身经历中被感知的可能源头。举个例子来说,就像我们已经很熟悉了一样,对一件事情的回忆会通过我们不断地去重复它而得到加深。我们经常回忆的东西就会在记忆中固化下来。但是在不断呈现的信息日益固化的过程中,会渐渐出现一种人们慢慢也

忆见未来

不再记得究竟是什么时候第一次接触到这个信息的现象。商业广告每天都在利用这种心理机制来获取消费者的信任。[8]它的方式就是不断重复，直到有一天我们自己也忘记反思为什么我们会相信它，而只是单纯地认为，某种产品真的是适合我们的。商业广告每重复播放一次，外来输入的观念就多了一分取代人们本来内心信念的机会。

不间断的商业广告式的对某个信息的重复对于日常的生意当然是很有利的，然而有的时候却并不足以唤起我们内心的信念去相信呈现给我们的某个信息就真的如此。很多地方还能让我们再次追寻到虚假信息的蛛丝马迹，因此，这些容易露馅的地方必须加以改进。当人们对于自己什么时候或者以什么样的方式获得了某个信息有着非常充分的确信度时，我们就还需要一些其他的策略。如果说这些地方还存在着足够的意识，知道当时大概发生过些什么，我们就需要再增添一些错乱。我们需要做的是，把某个经历的内容的陈述（即二等印象）说得就好像是真实经历过的一个事件（即第一等印象）的某个真实存在的部分一样。要想让这种诡计起作用，用虚假的信息来迷惑当事人，就要先找到对方的一次真实经历，在这个经历中要有相类似的情节出现。

比较著名的有"兔八哥（Bugs-Bunny）实验"，很多人童年都有过迪士尼乐园的游玩经历，在那里，他们和童话以及动画人物都有过接触和交流。研究人员让被试者叙述自己的这些经历，然后研究

第 4 章 想象和虚假回忆

人员会在交谈中不经意地提及和兔八哥的一次有趣相遇和握手。然而兔八哥虽然是个动画片形象，但它是不可能出现在迪士尼乐园里面的，因为它的知识产权不属于华纳兄弟。之后，研究人员又重新对同一批被试者进行回访。被问到在迪士尼乐园是否遇到过兔八哥时，如人们所预料的那样，很多人肯定了这一说法。从那以后，同样的实验设计得到了不断完善。有一种变体是共同参观博物馆，在参观之后，再给参观者看一些图片，只是有些并不是这次博物馆展出的展品，所以也是参观者本次参观中不可能看到的一些展品。然而，当我们把这些虚假的信息植入到一系列确实看过的图片当中后，大量的实验结果表明，这种策略起到了效果。[9]

然而我们植入虚假意识的诡计还远没有结束。研究人员还在不断改进和完善相关的方法。比如，将二等印象以更加合理和自然的方式巧妙地植入一等印象的序列中去。这时，人们应用的就是一种序列规律的作用，总是让相似的东西按一定序列出现，兔八哥接在唐老鸭的后面，梵高接在塞尚的后面。另外一种策略在于，如果虚假信息得到了我们内心认同的，比我们更高明、更专业人士的确认时，我们就更加不会怀疑。在前面的一个例子中，组织大家参观博物馆的引导员就是这样的一个合适人选。因为对我们来说，他就像是一个权威，毕竟是他安排和组织了整个参观活动。同样地，我们的童年回忆，也会因为父母的陈述而偏向于相信事情就是这样，而不是那样。

接下来的一个例子和到事故发生现场并撰写报告的专业人员有关。发生交通事故后，会有警方的专业人员来对事故进行调查，记录各种信息，从而再现事故发生的情形。专业人员简单的提示和问话，往往都会在目击证人的回答笔录中留下印迹。比如调查人员问我们，是不是那辆黑色的小轿车相对于黄色汽车有优先行驶权？这个时候，我们就会不知不觉中修改我们自己开始关于汽车颜色的描述，尽管我们先前的记忆可能并不是这样的。理性会让我们给予专业人员某种权威性，而我们的记忆也会乐于屈从于权威。另外一种权威性则来源于多数报道。如果其他目击证人（也许是毫不犹豫地）说是一辆黑色和一辆黄色的车，那么我们的记忆会在我们最终对此做出陈述之前，迅速把看到的事故车辆染成那种颜色。

我可以欺骗自己的记忆吗？

记忆可以欺骗我们，这对于每个人来说都不陌生了，有时候这种经历还会让我们非常痛苦。我们常常会坠入别人精心为我们设计的陷阱，从而上当受骗，这也不是什么新鲜事。那么如果到了最后，我们发现自己才是始作俑者，正是自己的诸多做法导致了虚假的记忆，又会怎么样呢？人们可以窜改自己的记忆吗？我可以左右自己的回忆，并且还故意让自己无法意识到这是我自己干的？

第4章 想象和虚假回忆

为了弄清这样一个比较特殊的问题的答案,我们需要借助于神经生物学新近的一些研究成果。人们已经确定,人脑中负责唤起回忆的那部分机制同样也有着其他功能,并参与到一些其他任务中去,其中就包括了设想未来发生的事件甚至是发挥自由想象"发明创造"一些事件。[10]从本质上说,无论我们回忆已经发生过的事情,并让其活灵活现地再现在我们的脑海里,还是当我们描绘未来的蓝图,并且在意识中去构想事情发展的过程,又抑或是单纯地在脑海里天马行空地虚构某件事情,都是同一个脑部区域活动的结果。研究人员是在继续研究人脑的所谓休息模式的时候得出这一结论的。这一模式我们在前面讲述梦境的章节中曾经讨论过。所谓的"静息态默认网络"总是在我们注意力涣散,又不打算做点什么特别的事情的时候活跃起来。这时候就开始了自由地联想,它和白日梦或者夜间梦境相类似。研究结果中令人吃惊的地方在于,不仅是梦境状态之间——即无论是白天还是夜晚的想象的形式——具有可比性,同时很多证据还表明,甚至是符合事实情况的回忆亲身经历和自由发挥想象之间也唤起了类似的脑活动模式。

新近的实验借助于核磁共振成像证明了上述结论或许还言之过早。首先人们已经确定,在构想未来的场景和回忆确实经历过的事件之间脑部活动呈现出可以测量的差别。前者在额叶部分以及在海马体中可以测得更强的活动。[11]额叶中的这些区域也确实会在人们

忆见未来

从事建设性的工作并且对未来做出规划时活跃起来。而人们可以从此时额叶中增强的脑活动得出正当的结论，当人们在进行自由设计，并且一些事情看起来还完全未成定局之时，会更多与这一脑部区域相关。此外，海马体的活跃也理所应当，因为该区域负责添加直观内容。如果说我们的想象还只停留在悬而未决的开放状态，那么就需要从脑海中调动更多的直观画面和元素来补充。在针对海马体的研究中，研究人员再次对其活动做了细致的划分，当人们形成对未来的印象时，仅仅是左前部海马体活跃起来；而当人们重新激活过去的印象或者想象未来的印象时，左侧前后部的海马体都会活跃起来。[12]

我们能得出什么结论呢？首先是这样的：在额叶中存储的东西，通常来说都会距离我们的意识门槛更近，那么它也就在自我检查中不会像那些只是因为不断重复或者甚至是在梦境中处理的东西那样容易被我们忽视。所以说，当我们自己参与到某个事情中去，那么相应的成分的回忆由于我们主动的行为而变得不太容易被虚假信息左右。新的故事脚本也就不可能一蹴而就，还需要多次重复，仔细考虑再三。

自我欺骗更困难之处在于，我们还需要新产生与之相关联的图像、声音乃至其他类型的印象。在这种情况下，海马体将会非常忙碌，因为它必须调动很多不同的印象，然后利用这些素材建立起新

第4章 想象和虚假回忆

的情节，构筑起新的背景，还要让它们相互协调，不相抵触。

每一个想当作家的人都知道这个难点：想当作家，要上好的第一堂课就在于重视细节！这里指的不仅仅是在描写中要抓住细节，使情景再现格外生动形象，还要求作家能够找到某个特殊的细节，这种细节往往在既定的环境中又给人意料之外的感觉。环境描写中，如果有某个物品能够从背景中突出出来，它既独特，然而又具有一定的典型性，那么我们通常会觉得这个描述是真实的，或者至少是令人信服的。特别是侦探片需要突出这样的细节，好在情节发展过程中埋下某个伏笔。比如在描写一个富裕家庭舒适的客厅时，突然出现一个旧的布娃娃就会让我们觉得它与环境格格不入，然而如果情节发展中涉及了主人公的童年时代或者某个潜在的作案动机时，这个布娃娃就会一下子回到我们的记忆中来。一位成功的银行家，外表沉默而冷峻，却使用一个非常花哨的手机壳。一个看起来平淡无奇的马克杯，却沉重异常，有可能就是作案的凶器。侦探面部表情的一丝变化，也许当时只是思绪的天马行空，但可能就是那一闪念，让他最终找到了重要的线索。

上好这一课，充分了解这些是非常重要的，否则的话，遇到本章开始提到的庭审中的情境就尴尬了。心理学家，当然还包括检察官、律师和法官们都深知，一个人如果能够超越事情发展的梗概，叙述出的信息越多，那么他的话就越可信。所以说，当我们重复盘

忆见未来

问证人的时候一方面是为了获取对当时发生的事情更加清楚的认识，另一方面也涉及目击证人是否有换一个角度来对同一件事情做出陈述的能力。当时真的在现场的人能够回忆起更多新的细节，这些细节可以通过不同的视角被感知，或者可以与事件发展的不同方面相互印证。因此，在审问中，人们会反复提出相同的问题，就是为了测试证人是只能不断地重复相同的话来描述一件他亲身经历或者亲眼见到的事情，还是可以不断地使用不同的话来描述它。情境越复杂，从头到尾地构建整个场景就越困难，如果当事人说谎了，那么迟早就有可能出现前后自相矛盾的陈述。审讯的时间一般都会拖得很长，当被审问的人疲惫不堪时，巧舌如簧的骗子也会开始犯错误或者干脆只重复一套事先背好的说辞。

此外，人们还发现，当印象还很鲜活的时候就更容易生动形象地对一个场景做出陈述。因为这个时候刚刚参与感知的那些脑部区域还处在活跃的状态之中。[13] 当一个人经历一件事之后，立刻就问他刚刚发生的这件事情，此时不仅刚刚发生的事情还历历在目，而且事后他还能更好地回忆起这些曾经被问起的东西——或者至少这些东西比那些没有被问及的事情记得更牢。

不过即使我们能够成功地欺骗所有人，但还是可能最终无法骗得了自己。因为在我们用自己的虚构编造出光鲜的谎言，并把它推销给自己或者旁人的时候，显然还会在某个时候从心底传来类似良

第 4 章　想象和虚假回忆

知的声音。并且真实的和虚假的记忆并不是储存在相同的"记忆抽屉"之中，所以在调取这些记忆信息时也不是完全相同的机制。当我们故意说谎的时候，我们无论如何都是有意识的；即使我们调动了虚假的信息，然而只要我们自己并未意识到这一点，那么大脑中的运行机制也仍然是不同的。

下面的实验证明了这一点：神经科学家约科·奥凯达（Yoko Okada）和克里斯托弗·施塔克（Christopher Stark）通过实验指出，当我们努力地搜索记忆中的某些东西时，右侧前扣带皮层会格外活跃。[14]努力在这里的意思是，记忆中尚有模糊之处，我们在尽力分辨记忆的内容是否真的如此，当时的情况究竟是怎么样的。同样的脑部区域在我们记忆内容产生内部冲突时也会活跃起来。所谓内部冲突就是指，在记忆中出现了一些本来完全不属于该情境的元素。最新的研究也指出，当我们的回忆正确时，前视觉皮层以及右侧海马体中可以测量到较大程度的活动，而当我们调取虚假记忆时，即使我们并不是有意识地说谎欺骗，也仍然测量不到上述的脑活动。[15]

是不是人们正是因此而意识到相关的记忆是否真实，目前还没有更进一步的相关研究。

谈到这里，似乎我们一开始的直觉理解是有道理的。尽管人们可以想方设法让自己相信一件事情其实不是我们自己真实经历的那样，而是另外的样子，但是这种尝试看起来总会遇到无法逾越的边界，也就是当我们有意识地欺骗时，特定的脑部区域需要参与进来，而它们的活动又无法完全压制在意识的门槛之内，换言之，我们无法在完全无意识的状态下自我欺骗。虚构一件事情时，需要我们不断重新回顾某个情境，并不断重新构建它，这就需要完全清醒的意识状态，这和我们夜间的梦境状态中不需要对精神活动加以控制是截然不同的。此外，完全无中生有地虚构一件事情的时候，我们需要调用大量鲜活而直观的素材来使虚构的内容看起来是真实的。而这么多素材不可能凭空产生，它们需要我们从以往的其他记忆中去搜寻，从别的媒体中大量检索。最后，我们还需要很多叙事方面的技巧和艺术来合理地组织这些素材，好让别人在不断重复询问时能够以足够多不同的方式把它们再现出来，而不是干巴巴地重复着同一种叙述方式。归根结底，在面对真实和虚假的记忆时，我们的记忆管理在其中起到了巨大的作用。很明显，两者是在不同的神经网络中储存和处理的，那么我们调取和加工它们的方式也就完全不同。

但是那种看起来完全荒诞不经，然而当事人却信誓旦旦地表示千真万确的陈述是怎么回事呢？其中最为经典的例子就是那些声称自己曾被外星人劫持到飞碟上去的故事。在好莱坞的科幻大片中，这些人物往往开始不受周围人的重视，而随着情节的发展，外星人开始大规模进攻人类，他们又会被作为专家被邀请去共同参与行动，

第4章 想象和虚假回忆

从而恢复了名誉。然而现实并不是好莱坞大片,这种类型的陈述我们称之为妄谈(Konfabulation)。妄谈一般来说都和疾病或是大脑眼窝前额皮质损伤有关。比如动脉瘤出血、阿尔茨海默症、过度酗酒和吸食毒品造成脑中硫胺(维生素B1,一种水溶性维生素)缺乏都有可能成为上述现象产生的原因。

也许我们可以找一位极有才能且极富想象力的大导演使用本章开始时提到的强奸案的题材,来给这个悬案画上一个句号。就案件本身的情况来看,女性原告誓死坚持自己的说法有可能只是一种——为了避免使用说谎这样的字眼——自我说服,但也有可能她陈述的完全是事实真相。她只是在陈述这件事情的时候缺乏一定的技巧才使得人们不得不怀疑她的陈述的真实性。或者说——也许此时好莱坞又可以帮得上忙了——我们仍然有一个解决问题的办法,就是我们完全再进入到一个虚构的世界里去,在那里,记忆和假想之间的边界足够模糊,人们可以自由进入想象的世界。

Das geniale Gedächtnis

———

第 5 章

情感的记忆

为什么我们对童年和初恋的回忆那么美好，而又久久不能忘记咬过我们的狗呢？

在这一章节中我们将讨论一些特殊的时刻：比如你走路时踩到了野蔷薇果，把它踩烂了，然后你要把鞋边上存留的一些烂果浆擦掉。这时，这种橙色果实的那种酸涩的气味一下子涌进了你的鼻腔，突然之间，在你的脑海里就浮现出了童年的画面，那个时候爸爸妈妈第一次拿着一颗野蔷薇浆果给你看，然后告诉你这种灌木植物叫什么名字，以及人们种植它都有哪些用处，而当时你也好奇地把一颗小果实踩烂了。又或者你和妻子或者女友去参加一个大型的社交舞会，在舞会上你在旁边的桌子旁看到一个年轻女子，她身穿樱桃色的香奈儿晚礼服，披着洁白的披肩。她静静地坐在那里，披肩很自然地搭在肩头，这样的衣着服饰让你立刻就想起了初恋女友在毕业舞会上的穿着。在喧闹的舞会上，你可能突然之间觉得自己处在一个记忆的气泡中，周围的一切突然暗淡了下去，而你仿佛一下子回到了从前，回忆起和她的点点滴滴。一瞬间，你似乎又是当年的那个少年，一下子就爱上了眼前的女子，然后要和她结婚生

第 5 章 情感的记忆

子，共度此生。

这样的类似体验，每个人都曾经经历过，这些瞬间留下的记忆就像闪光灯一样，让逝去的年华在我们面前突然涌现，往事无比清晰地历历在目，而一切又都是那么的熟悉。文学创作早就发现了潜藏在所谓"闪回"（Flashback）之后的巨大创造性，马塞尔·普鲁斯特的《追忆似水年华》就是其中最为杰出的代表。童年的经历一下子仿佛就再次呈现在眼前。当"我"把玛德莱娜小蛋糕浸泡在菩提花茶中时，那种气味和味道一下子就把"我"带回了孩提时代，在贡布雷的莱奥妮姨妈家做客时的情景。[1]哲学家对这种现象的解释是，我们每个人通过这种形式的时间穿梭的旅行赐予自己一个逃离当下现代性的关系的机会，因为当下充斥着紧张焦虑，一切都是按照一定的时间管理机制被密集安排好的。罗伯特·穆齐尔（Robert Musil）给它起了个很好听的名字——"生活度假"（Urlaub vom Leben）。哲学方面致力于此的理论脉络则可以从海德格尔追溯到胡塞尔乃至安德雷·博格森（André Bergson）。

但是当我们追忆往事的时候，头脑中的机制究竟是怎样的呢？文学家和哲学家猜测闪回现象是一种不一样的前现代性的时间感觉，从根本上讲，他们并没有说错。只是我们必须把这种阐释放置到演化的语境中来。这时，我们就可以发现，那种类型的记忆确实可以追溯至参与构成人脑的非常古老的神经结构，这种结构

忆见未来

早在人类处在生物演化道路上和爬行动物以及哺乳动物们还存在更近的亲缘关系，并还远远不是今天的有着自己的文化和文明的人类时就已经存在了。因此，我们必须回到一个嗅觉对我们来说还有着比今天更为重要的意义的时代，我们需要依靠它来辨识方向，找寻踪迹——今天很多其他的动物依然如此，比如我们只需要看看狗、猫还有老鼠。

生物演化长河中的蒙昧时代给我们人类遗留下来的东西，今天通过解剖学得到了证实。[2] 嗅觉细胞和大脑皮层之间存在着特殊的联系，而其他各种感观刺激都是先集中到丘脑当中，这一区域一般也被称为意识的大门。也就是说，我们用嗅觉感知到的东西是可以不经由中间环节而直接引起反应——引发一种不需要经由有意识的评价过程的反应。特别是当海马体或者杏仁体——有关杏仁体后面还会再进一步细说——等中枢被嗅觉印象激活时，这种直接连接表现得尤为明显。因为此时我们还尚未对这种刺激形成某种有意识的评价和态度，身体中的某种感觉已经优先被触发了。所以说，它会给我们带来一种惊讶感，或者说一下子就能把我们抓住（这就是杏仁体参与的作用），或者说我们脑海里一下子就涌现出大量意想不到的画面，尽管我们很久以来有意识地不去想它。

记忆中的时间旅行效应可以看作我们演化发展的过往中的"弃婴"。在过去的岁月中曾经至关重要的某种能力渐渐不适应演化的需要，也就慢慢在我们进化成为具有文明能力的人类过程中丧失了。但是，我们在今天的生活中偶然遇到演化中残存的这种现象时，也不必过于惊讶。总的来说，这种能力对于我们来说已经没有什么适应生存方面的作用了，不过我们仍然可以悦纳它，并从中拓展出一些审美的乐趣。

普鲁斯特式回忆

千年之交时，神经科学家开始用实验的方法来探寻前面描述的这类"玛德莱娜效应"。普鲁斯特式回忆——我们以后就这样专门称呼它了——有四个固有特征。这一切的前提是，所有的记忆都是由味觉以及气味引发的。而从两种感官的重要性来看，我们必须首先明确，很多我们觉得是品尝出来的味道其实首先是闻到的。如果鼻塞了，将会发现饭菜变得不再那么可口。也就是说，嗅觉在某种程度上具有一种优先的地位。

第一个固有特征涉及记忆内容的时间因素，人们想了解被唤起的记忆来源于人生发展的哪个年代。第二个涉及记忆的情感因素，即我们在生动地回忆童年过往时带有很深的情感。第三个与记忆的鲜活以及深刻程度有关。第四个就是一种需要用实验方法进行实证的，在英语文献中被称为"被带回童年时光"的效应（being brought back in time）。

忆见未来

试图揭开真相的实验方法也非常简单，人们就是要观察，当人们的内心世界出现类似的时间效应时，人脑具体在哪些区域究竟发生了什么样的变化。实验过程中，科学家把被试者放进核磁共振仪当中，并让他们接触到气味、图像和话语，这些都是能够触发我们特殊回忆的东西。科学家们再询问被试者。实际上，实验已经证实，涉及第一个固有特征时，按照引发记忆的物体的不同，引起的记忆的久远程度也各异。一项瑞典的科学研究使用语词、图像和香气这三种不同的"记忆钥匙"测试了93名年长的成年人。通过闻味道唤起的记忆总的来说比看到图像或者听到语词唤起的记忆久远得多。闻到某种味道后，从脑海中涌现出的印象确实是童年的场景，具体地说是被试者10岁之前经历的事情。而听到词语或者看到图像后唤起的记忆则多为他们11～20岁这段时间经历的事情。[3]

核磁共振仪还可以用于质化地研究人的感觉，这样我们就慢慢过渡到了第二个特征。以色列的一项研究证实，如果在形成记忆时借助了气味的作用，那么左侧海马体和右侧杏仁体会特别活跃。[4]关于杏仁体——其实它还分两部分，左右各一个——我们后面还要更详细地谈及。这里只提及，杏仁体——它因为长得像扁桃杏仁而得名——与我们情感的形成有着密切的关系，而且首先是和不舒服的感觉和氛围相关。在以色列特拉维夫的实验中，研究人员使用了令人不快的气味做实验，因此被试者的一些反应也就完全在预料之

第 5 章 情感的记忆

中了。

对于我们的研究,比气味对于杏仁体的影响更有意义的是海马体的激活,因为这里还存在着场景记忆形成的问题。在本案例中,我们认为杏仁体和海马体之间存在着横向联系。能在我们内心引发情感的东西,将会在人脑中进一步传递下去,此外,如果我们学习一个东西的同时也能把它和某种情感联系在一起,学习效果也会有显著的改善。[5] 单凭多个脑部系统共同参与其中的情况——在本案例中包括情绪的和认知的两种——就能提升事情被较为持久地记住的概率。那么本书引言中提到的个案患者亨利·莫莱森(H. M.)无法辨识出气味就不足为奇了。医生通过手术切除了他的海马体和邻近的区域,这其中也包括杏仁体,因此,他虽然能够闻到各种气味,但却无法分辨出气味之间的差异。[6]

在记忆形成过程中,如果杏仁体活跃起来还意味着——如果我们可以打个更形象的比方的话——我们打开了涡轮增压装置。用比较通俗易懂的方式来说就是,融入一些紧张感以后,身体会向血液中释放糖皮质激素(glucocortikoiden Hormonen)。这些激素进入到人脑中以后,又会进入杏仁体基底部位的神经元当中,从而进一步激活杏仁体。这样,就激活了杏仁体与海马体之间的联系,其结果就是,有情感和一定紧张感出现的状况可以更加生动地储存在我们的记忆当中。简单地说就是,这些内容刻进我们的记忆当中去了。

到此为止，我们聊的都还是童年记忆中美好的东西，也许是因为它们都令我们感到舒服，所以我们把这些记忆很好地保留了下来。然而，我们也不能不提一提令人不快的回忆挥之不去的尴尬问题。令人遗憾的是，不好的记忆同样印象深刻，也相应地很难从我们的记忆中抹去，或是被渐渐遗忘。

气味能够引发我们一些与某种感觉密切联系的回忆，无论这种感觉是好是坏。现在我们对于这一现象已经有了一个比较可信的解释：气味在我们对它形成客观的认识以及由此对产生气味的物体进行进一步分析之前就已经激活了杏仁体，紧随这种对气味的直接印象以及情感的评价之后，海马体活跃了起来，并已经承担了把有这种气味出现的情境接收并记录下来的任务。[7]

令人惊讶的是，气味和经历在记忆中的联系只在第一次有效。即使是紧随其后的重复体验也完全无法形成第一次时那种深刻的记忆，以色列研究人员在实验中发现了上述现象。当气味的刺激不断地在不同的环境中出现，有效果的只是最初的而不是后续的经历。并且随着在不同的环境中重复的次数越来越频繁，气味最初体验的联想也会慢慢彻底消失。[8]产生这一现象的原因，人们也只能大胆假设：因为人一般来说只可能被一件事情真正震撼到一次，并且就是在当这个事情对一个人来说还是完全陌生的情况下。类似的情况也出现在气味和其出现的环境之上。只有当某种气味在我们的气味感

第 5 章 情感的记忆

知上还是新鲜事物，并且第一次"直接击中"了我们，而这个时候我们还处在一种对突如其来的事物完全开放的状态，对此完全没有任何准备，换言之，我们处在一种完全不设防的状态。我们在某个情境下与一种味道的初次接触就让我们将这个情境也标记了下来，或者说，我们把这种味道与这个情境联系在了一起。与其他的感官相比，气味联想的建立更加不受外界干扰因素的影响。一些研究也证实了人们的这种印象。认知心理学家祖科（Gesualdo Zucco）研究了气味记忆相比视觉和声音印象在人脑中记忆的情况。[9]研究人员在实验中向被试者提供上述三种不同的刺激，然后再进行记忆测试，最终，气味刺激得分最高。在描述普鲁斯特式回忆的时候，我们就已经感觉到童年中的气味印象是多么的深刻！近来的一些研究还表明，人类在婴儿时期，甚至作为胚胎存在于母体中时已经形成了某种味觉方面的偏好。而这种偏好有可能是由母亲的饮食习惯引起的。妈妈们喜欢吃什么、怎么吃很显然会造成孩子们一种饮食上的倾向性，更多地摄入某种食物或者饮料。近期的研究结果已经揭示出某些文化或者族群的饮食习惯的形成与这种在出生前就已经形成的味觉偏好有关。[10]味觉虽然不是遗传的东西，但是却和我们在母体中受到的影响有关。

回到我们开始的问题：为什么童年的印象在我们回忆它们的时候会如此鲜活地出现在我们眼前呢？在实验环境中，我们可以给出非常简单的答案：因为在第一次经历某个情境时，海马体高度活跃，于是我们就处于一种可以接受和处理大量细节信息的状态。上文中提及的以色列研究人员的实验发现，海马体中也存在着区域和功能的划分，它们各自分管着事件形成的脑活动的输入，对相同事件在事发当天的回忆以及一个星期之后再次回忆这件事情。如果计算上这种时间上的推移，其实我们在孩提时代也许就应该能确认，哪些东西是我们在成年之后也可以鲜活地重新回忆起来的。只是它需要一个合适的契机而已。

气味可以引发童年早期的回忆，而词语和图像则对于我们青少年时代的经历更为重要。这种现象已经有了数据统计的支持。实验中，研究人员比较喜欢用"初吻"来进行测试。和闻到气味一样，在阅读了词语之后也立刻出现了相应的一些画面。在气味和记忆的关联中，研究人员得出的一些结论在这里也是适用的。人们投入的紧张、激动（当然要有一定的限度）和情感越多，相关的经历留下的印象就越深。究其根源，这只不过是海马体及其周围脑组织的神经元高度活跃的结果，然而却已经足以在我们生命中的关键时候来改变一些事情了。

现在让我们最后一次把目光聚焦到本章开始时提到的文学作品与气味紧密联系的记忆的例子上来。现在需要澄清的问题就是为什么气味记忆——而且在这方面气味记忆与其他任何一种记忆是有着

第 5 章　情感的记忆

根本性区别的——仿佛于无声处听惊雷。它事先没有任何的征兆，并且是那样奇妙。同时，它带来的那种强度和震撼感也是其他任何印象都难以企及的。当这种记忆和某种感觉联系在一起时，时间之旅的想象就如同人们在那个瞬间真的又站在了事发现场，真的又看见了当时看到的事情，真的又听到了当时听到的声音，真的又感觉到了当时的感受。

统计又一次给了我们有启发意义的解释。它告诉我们，与气味相联系的思想实际上从来都是不假思索的，我们在日常生活中也根本不会去处理那些诸如来自过去的某个突然能够给我们的感觉产生震撼的信息。[11]这首先是有道理的，因为作为一个成年人，我出于何种目的来追忆，我的童年时代的某次周末远足具体是在什么地方第一次踩踏到一丛野蔷薇的？即使是一名专门从事野蔷薇研究的植物学家，上述经历无论对于他的生活还是他的工作都是毫无用处的。

我们还需要兼顾人脑的生理变化。从气味触发记忆到词语和图像信息触发记忆的转变无疑也揭示了在青春期发育过程中人脑及其构造发生了重大的变化，大脑功能的完善以及信号传输的加速都起到了决定性的作用。气味感官在我们认识世界的过程中的作用越来越小，而理性占主导的其他信息接收和处理方式变得越来越重要。我们可以说，在个体身上发生了在人类演化道路上曾经走过的道路。

用更为科学的话语表述就是：个体发育（ontogenetisch）要跟上种类发育（phylogenetisch）的水平。

所以说突然"被拉回到过去的感觉"在这样的背景下也有了双重含义：一重含义是指回到我们个体发展的童年时代，另一重含义则是指我们人类发展的童年时代。气味把我们带到一个过去的世界，那里充斥着各种气味。人类还需要通过辨别味道来回忆起哪些地方是我们一直在寻找的安全的庇护所，而哪些地方则隐藏了危险，一定要避开。在那样的世界里，人们还需要依靠直觉非常直接而快速地寻找或者做出逃跑的反应来应对外部世界，这样才能更好地生存下来。并且在那样的世界里，友谊或者说爱情关系的建立也就意味着可以（持久）地闻到对方的味道。

在某种气味的触发之下，童年的回忆鲜活而直接。因为它们在我们的记忆中分开储存在了单独的区域。它们就像一些生活在海上孤岛上的鸟儿，一直还保留着过去的歌唱，而陆地上的鸟儿却早已经不是这样鸣叫了。童年记忆就像这种孤岛上的天堂鸟，它仿佛来源于很远古的地方，一下子就能让我们感到十分惊奇。

同样地，我们也可以解释为什么童年记忆与一般的想法和念头不同，它不会被时常想起，并不断被修改。就像我们在第 1 章中说的那样，记忆不会一成不变，而是处在不断地变化发展之中，仅取决于我们当下把什么样的新的有趣的东西添加进去而已。而能够突然袭来的童年记忆则不然，我们不会重新评价它，也不会把当下的某种东西掺合进去。童年记忆的全部就在于它出现以后，我们有一种单纯的喜悦，用文学些的语言来说就是一种单纯的审美情趣。我们看这种记忆就如同在博物馆中欣赏展品，彼时我们会惊讶于世界上竟然有如此奇妙的东西，真是完全没有想到啊！童年记忆不过是向我们传递了一种仿佛存在于已经不存在的世界里的感觉，事后，我们也无法搞明白是怎么回事。所有的一切最终都化成了文化与影视艺术的绝佳素材。

于是我们邂逅了卡罗尔（Lewis Carroll）的《爱丽丝漫游仙境》，追随普鲁斯特的《追忆似水年华》，在电影院中紧张而激动地领略了本·施蒂勒（Ben Stiller）的《博物馆奇妙夜》。

一朝被蛇咬，十年怕井绳

我们现在来谈谈感觉的记忆——或者说我们的情感记忆——这也是我们记忆当中唯一一个与"精妙"这个词毫不搭界的地方。前面提到的记忆可以帮助我们自主地进一步发展智慧的行为和创造性地规划未来，然而在情感记忆方面，这些东西统统都不存在。掺杂了感情因素的记忆能够一以贯之地抗拒任何理性因素的干扰，并且保持其完全独立。

这可以带来非常积极的效果。如果记忆内容是美好的，那么至

忆见未来

少在这段时间里，我们内心充满了浪漫的基调，然后我们可以在现实世界对面的理想殿堂里畅游。在那里，我们目之所及的都是如印象大师的画作一样的东西。阿多诺（Theodor W. Adorno）不无诙谐地说，他们认识的都只是星期天的世界。每件东西都令人着迷，还有着自己独特的气韵。本雅明（Walter Benjamin）则说，这是个"时间和空间的织物：它是远方神奇的东西，却又好像近得不能再近"[12]。

然而，当感觉是负面的，记忆不再美好，这一切的魔力也就骤然消散了。到了这个时点，情感记忆不合时宜的一面就成了问题。它不会试图开放自我，接受未来，从而让人们从根本上尝试着改善，而是固执地停留在过去不能自拔。这时候，我们就会陷入对过往的回忆中，尽管我们实际上迫切需要从中走出来，因为它不美好，且给我们带来了很大的痛苦。再次引用尼采说过的，我们就像动物一样停留在眼前的一瞬间，然后一直在原地打转。我们早就已经认识到，有些东西，我们应该放下，让它成为过去——比如一次痛苦的经历，一段不堪回首的感情，一个充满苦难的童年，然而我们却无法忘怀。

我们再一次回到马塞尔·普鲁斯特的小说《追忆似水年华》。小说中另外一个重要的话题就是人的嫉妒心。这也是和情感密切关联的一种想象，它往往还强烈到不受控制。只是童年回忆是美好的，

第5章 情感的记忆

而嫉妒则是担心被骗或者害怕失去爱人的患得患失。就像小说《斯万的爱情》(*Eine Liebe von Swann*)的主人公一样,胆怯的灵魂看什么都疑神疑鬼。再平常不过的东西在他眼里看来都成了欺骗或是企图欺骗的十足证据。

尽管我们自己早就已经洞悉一切,并且在思想上早就想保持清醒的头脑了,可为什么我们在做事情的时候却还会带着无法驱散的嫉妒心呢?多年以后,当我们再次与前任重逢的时候,即使事过境迁,可为什么一下子强烈的情感还会突然袭来呢?并且无论我们是否愿意都会如此!

前面我们说过,会再一次谈及杏仁体及其对于记忆的作用。熟悉相关专业文献的人都应该知道,杏仁体在脑科学研究中几乎已经有了偶像般的地位,它的神奇作用已经超越了专业研究,在流行文化中也影响深远。在此,我们不想展开论述,也尽量不夸大。20多年来一直推动相关研究的发展并做了大量科普工作的心理学家和神经科学家约瑟夫·勒杜克斯(Joseph LeDoux)一直坚持的一个基本认识是,杏仁体到大脑之间的连接要比反方向的连接强很多。这就意味着,杏仁体对我们思考、规划和理性思维的大脑的输出要远远强于来自后者对于杏仁体的输入。简单地说:杏仁体喜欢指挥别人,但不太听话。这一基本认识首先就解释了,为什么我们不能或者说很难战胜恐惧或者嫉妒这样的感觉。

在记忆方面，杏仁体也表现出了很强的支配倾向。在它的帮助下，掺杂了情感的记忆痕迹就会变得更强。这就意味着，与情感相联系的记忆可以记得更牢、更久、更清楚。早在 20 世纪 50 年代的实验中，科学家就已经发现了这一现象。它也揭示了为什么我们既不能战胜自己的情感，同时也很难把掺杂了情感的记忆从脑海中抹去。

另外一个基本认识则与情感记忆遵循的逻辑有关——此时我们甚至难以理解在我们身上究竟发生了什么，我们的所作所为就好像我们是处在受胁迫的情形下一样。

情感记忆中的学习内容不仅仅是人们能够感知到的，同时还会对其形成价值判断。我把手放在烧红的炉子上。我能看到炉子烧得通红，我感受到了烫，也感觉到了痛。这样的知识对于生活是至关重要的，手是我们重要的肢体，所以我们会对此形成非常深刻的记忆。疼痛让我们变得警惕。

这还是比较容易理解的，然而成问题的情况却是，在我们的情感记忆中形成了不按照避免伤痛的逻辑方式出牌的联想。了解巴甫洛夫反射实验的人可能比较容易理解我的意思。俄国医生和生理学家伊万·佩特洛维奇·巴甫洛夫（Iwan Petrowitsch Pawlow），因其动物行为学实验而举世闻名。其中的一项实验是：一条狗得到一些它喜欢吃的东西，而每当它有东西吃的时候，都会响起铃声。然后

第 5 章 情感的记忆

这样的情况不断地重复。再次响起铃声时,即使不给狗好吃的食物,它也会流口水。通常情况下,我们都认为事物之间存在着因果联系:食物,它发出香味,香气引发了狗的唾液腺,于是狗流口水了。然而代表食物的香味可以被任何一种其他的刺激代替,它只需要符合赫布规则,是与香味同时呈现出来的刺激即可。此时,记忆会自行为两件本来毫无关联的事物建立起一种前后联系。响铃有可能是,现在正有人站在门口按门铃,这可能是饭菜已经准备好了的一个征兆。可是响铃也完全有可能是无关紧要之事,它的出现可能与发餐之间只是偶然的巧合。比如门正好打开了,风吹进来,把风铃吹响了。

就像巴甫洛夫实验一样,关于疼痛的联想学习也可以被人为左右。在恐惧的条件作用实验中,研究人员用小白鼠和大鼠分别做了实验。一方面,他们给出某种信号,另一方面模拟了疼痛感的刺激,这一过程中,被试的老鼠并不知道疼痛的原因是什么。在本实验中,响铃的同时对被试的老鼠施予电击。条件作用的实验结果在于,响铃之后,被试的老鼠出现了人们期待的只有电击才会造成的疼痛恐惧反应。这种反应是行为实验中经典地被称为冻结行为的反应(freezing behavior),即动物立刻静止,停止一切运动。这个实验表明,相关反应不必然需要依赖于提示(cue dependent)的刺激而产生,有时候,它也会依赖于一定的情境而产生。[13] 接下来,空间和环境也会和本来由电击才会引发的疼痛事件联系到一起，再接下来，只要把小动物们放到相应的环境中去，它们就会出现冻结反应。有趣的是，要想产生情境的恐惧条件作用，研究人员必须让被试动物睡觉。环境联想需要借助于海马体才能被接收，作为中转储存介质的海马体只有在睡梦中才能把这些信息传送到长期记忆中去。不同的是，依赖于提示性刺激。[14] 在这种刺激下，起作用的是杏仁体，所以学习内容无须在睡梦中加以巩固。

从这个机制出发，我们现在可以理解，人们在感到恐惧时为什么会做出一些看起来完全没有逻辑的反应。比如我们经历了一次可怕的车祸，那么我们的记忆中不仅会留下整个车祸的因果连续的过程，还会把一些其他的伴随现象也都牢牢记住。下一次，当当时的某些伴随现象再次出现的时候，即使完全没有任何可以导致车祸发生的危险因素出现，也可以让当事人感到无比的恐惧。更困难的情形则是，同一种危险因素，在不同的情况下可能导致完全不同的结果，在一种情况下导致了车祸，在另外的情况下则完全没有关系。尽管如此，当我们初次把一个事件同某个痛苦的经历联系在一起之后，只要当该事情看起来有可能会再次重演时，我们就有极大的概率感到恐惧。

最终在这个问题上，按照记忆的机制，我们从情感记忆方面来看并不比实验室中的小白鼠和大鼠高明多少。这些啮齿目动物并不

第5章　情感的记忆

能认识到响铃声和电击带来的痛觉之间是毫无联系的，响铃和痛觉只是人为安排前后发生的。我们人类虽然能够认识到车载收音机突然开很大的声音和我们与后面驶来的一辆小车相撞之间并没有必然的因果关联，然而这却根本于事无补。即使路上车辆前后几乎紧贴在一起，也并不必然会导致车祸的发生，就算我们完全能够理性地认识到这一点，也不能避免我们像实验室中的小白鼠一样产生恐慌，只要外部状况和我们当初的可怕经历有足够的相似程度。情感记忆会坚持不懈地让我们在这种状况下保持十二万分的警惕，尽管从理性认识上我们早就已经对类似状况解除警报了。

　　这时还有一个困扰我们的东西，前面我们已经提到了情感记忆中的神经元机制的基础。一旦产生了一种恐惧条件作用，它就有可能不断地被强化。原因在于荷尔蒙的参与，荷尔蒙又作用于杏仁体和海马体，再次激活这两个脑部区域。如前所述，紧张与压力导致身体分泌荷尔蒙，然后荷尔蒙又进入人脑再一次给情感记忆发出警报。后果就是让情感记忆不断升级。总有一天，我们不再有能力做出对我们来说本来是理所当然的事情。

　　如果有谁认为这是一种病态的现象，并且这种现象不可能发生在自己身上，那么他的这句话只对了一半。前一半有可能是正确的，而后一半则言之过早。因为每个人都有可能对自身的某个经历过度敏感并在情感上夸大其感受。你只需要自己检验一下：当你下班后在林中慢跑时，迎面突然来了一条大狗，而主人并没有用绳子拴住它，你会有什么样的反应呢？当然有可能是轻松自如，丝毫不以为意，只是前提是还从来没有发生过什么不好的事情。如果你真的有被狗咬过的经历，就再也不会那么淡定了。即使狗主人大老远就冲着你喊："没事的，它不咬人，只是跟你逗着玩儿呢。"你也可以感到，肾上腺素不由自主地注入了血管。你会想着立刻采取措施！英语中有一则谚语概括描写了人们的这种体验，我们觉得特别贴切：一次被狗咬，双倍感到怕！（Once bitten, twice shy）这条公式就是如此，如果一不小心两次被咬到，那就会加四倍的小心。

为什么直面恐惧能战胜它们？

现在的问题就成了：既然理性的认识并没有什么用处，那么一旦形成了可怕的情感记忆后该怎么办呢？最简单的办法当然是，神经生物学家能够发明一种神奇的药物，只需要向患者给药就能让产生的恐惧消除。

早在本书第 1 章，我们在讲到突触中的蛋白质合成以巩固记忆时，就提到过类似药物。一种叫作茴香霉素（Anisomycin）的抗生素使用在小白鼠的恐惧条件形成实验中可以有效阻止其杏仁体的作用。然而这种药物在人身上的使用，目前还很遥远。同样地，另外一种我们已经提到过的可能性目前也还处在动物研究阶段，即通过

第 5 章 情感的记忆

在动物身上唤起虚假的记忆。这可以通过光遗传学的方法来实现,即通过改变基因的方法来控制脑细胞。借助于光脉冲可以让神经元打开或者闭合。令人不快的记忆也就可以很简单地被清除掉。但是这种方法目前也还是很遥远的事情,短期内无法应用到人的身上。临床上,我们要删除人脑的某段记忆内容目前只有一种方法,即传统的电击疗法。这种方法我们前面也已经讲到过。不过这种方法的问题在于,它难以精确地针对特定的记忆内容。某些不舒服的回忆也无法用这种方法清除掉,更不要说还有一大堆随之而来的副作用。

尽管如此,近来人们还是取得了不错的进展。比如后续的和恐惧有关的事件如何能反过来影响前面的学习内容。科研人员先在一个非常中性的环境中让一批被试者学习一张词汇表,接下来再对被试者施以(温和的)电击的同时,让他们学习另外一张词汇表。接下来的实验结果表明,不仅是与不快的感觉相联系的第二张词汇表的学习效果明显好于前者,而且科学家还发现,电击对前面的学习内容也有溯及既往的影响力。来自第一张词汇表——即被试者在无痛环境中学习的词汇——但与后一张词汇表内容关联的东西被更好地记忆了下来。然而学习的提升并不是在施以电击之后立刻出现,而是呈现了一种相对长期的效应。这给我们两点启发,一方面,本来客观中性的内容也会渐渐地被我们赋予情感的色彩,我们事后会把它们和在痛觉体验中学习的内容联系在一起;另一方面,我们也利用了情绪化来强化记忆的内容。

研究人员因此假设,存在着一种情感学习的方法,同时这种情感学习可以追溯到既往的学习内容。[15] 而我们刚刚一直讨论的问题仅仅不过是反过来而已,我们不是要把客观中性的东西情绪化,而是要把已经被赋予某种情感信息的记忆去情绪化。

我们特别强调了"仅仅不过"的原因在于,实际情况下,最后的这个关键性的一步绝对没有那么简单。令人欣喜的是,研究人员取得了一定的进展,让我们对未来依旧可以充满信心。勒杜克斯和他的女同事伊丽莎白·菲尔普斯(Elisabeth Phelps)不仅成功地删除了白鼠的恐惧记忆,还部分地在人身上取得了阶段性的成果。[16] 两位科学家利用了我们在第1章中已经介绍过的机制,并且这种机制充分说明了杏仁体在我们理解记忆的本质时所起的基础作用。

这又涉及了蛋白质合成以及我们前面提到过的内容,即回忆过往并不是简单地调取记忆内容的过程,而是重新经历一次转变过程。前面已经说过,记忆痕迹在这个时候会变得不稳定,从而具有可塑性,回忆过程中就必须要再一次地重新稳定或者说重新整理。也就是说,我们的记忆在重新呈现记忆内容的时候会首先画上一个问号:回忆起来的东西是不是一定要保持它呈现出来的样子呢?它需不需要在新的条件下适应当前的形势呢?在读取记忆的一瞬间,记忆痕迹首先表现得"特别容易受伤"(vulnerable),而勒杜克斯和菲尔普

第 5 章　情感的记忆

斯两位科学家正是利用了记忆的这种特别容易受伤的特性来对抗情感化的记忆内容。他们让记忆在当下直面显而易见的证据，原本引发恐惧的瞬间实际上是无效的。比如当初某个信号之后就会有疼痛感，而现在在这个信号之后没有任何的疼痛感，甚至会有舒适的感觉。如果这种情境在我们读取既往回忆内容后的一个特定的时间窗口内——前面我们已经谈过相关的实验以 6 小时为出发点[17]——不断重复的话，就显然存在着忘记恐惧感的可能性。此外，形形色色的成瘾行为似乎也可以通过这个机制来戒除。[18]治疗的根本目的还在于防止旧病复发。

这种实验过程的设计已经和心理学以及心理治疗多年来的治疗方法非常接近了。心理治疗方面也是让患者在相似的情境中以令人不快的情感记忆去面对客观中性的或者甚至是令人舒适的情绪，从而让情感记忆可以慢慢习得新的内容。比如有恐高症的人可以在他人的陪伴下来到高处，然后让他在那里体验高并不必然代表危险。如果患者能够经常性地体会到某种危险的信号并没有真正导致可以察觉到的不良后果，那么他就有机会慢慢克服由此而来的恐惧感。

"只有一种武器有用——伤口只有刺伤它的长矛才能愈合"，理查德·瓦格纳（Richard Wagner）在《帕齐瓦尔》中这样写道。他这句话来自沃尔夫朗·冯·埃申巴赫（Wolfram von Eschenbach），后者又是从古希腊人那里获得了这一智慧。没有这种智慧，我们很难理解情感记忆的这种特殊之处。然而我们也不能过于乐观：尽管长矛可以治愈，但长矛毕竟是长矛，是个冰冷的利器。所以说，谁想通过直面恐惧的方法来治愈自己的恐惧，那就要首先设法克服自己的心理障碍，直面自己的恐惧才行。

现在我们可以让停泊在过往的情感中的航船起锚了，驶向美好的未来，一起看看记忆和我们慢慢变老。

Das geniale Gedächtnis

———

第 6 章
记忆和变老
遗忘是人性的，并助我们前行

假期到了。你周到地考虑了一切，把报纸整理好了，把盆栽植物放到了邻居家里。你已经到了机场，顺利地过了安检，现在在登机口前等着上飞机。坐在你身边的旅客的钥匙突然从口袋里滑了出来——这么一个细节却让你脑海中升起一个令人纠结无比的问题：我出来的时候锁门了吗？然后你再把所有的一切都回想一遍：嗯，当时我把所有的灯都关上了，把水龙头的总阀门也关了，还把电视机的插头拔了，因为这样可以防止雷电。然后大门，大门……哎呀！当时手机来了一条短信，是航空公司提示航班延误一小时。你的脑海里呈现出非常清晰的画面，当时你看完信息后是如何把手机又重新放回衣兜里去的。然后你就在电梯里了，可是在这之前呢？你到底有没有锁门呢？你突然如坐针毡，最后你不得不给邻居打个电话，而开场白就是："您好，亲爱的邻居，我老了，记忆力不好了！"

第6章 记忆和变老

然而一切并没有结束。是的，情况确实如此，你变老了，容易忘事了，我们每个人都会如此。并且这个世界上没有什么东西能够延缓这种衰退的发生。大约从 25 岁到 30 岁起，我们所谓的"多任务"能力就开始每况愈下。我们越来越难以同时处理并在头脑中记住几件不同的事情。我们的注意力常常会被别的东西分散——航空公司的提示短信，然后就对我们同时做的其他一些事情不再有意识地关注。也许我们实际上已经把门锁上了，因为这是我们程序化的习惯动作，邻居也会不无戏谑地（虽然他也常常和你一样忘记事情）给你回电话并告诉你，一切正常！我们很多事情都做好了，做对了，只是我们并没有记住它们。

其实年轻人也并非不知道这一点。因为我们现在讨论的这种记忆一般来说挑战了我们记忆力的极限，因为它涉及我们的工作记忆，在第 1 章中我们就提到过：平均超过 7 个信息单元以后，我们就不可能再记住它们了。随着我们日益衰老，能够记住的东西还会越来越少。原因在于，人脑额叶中的某些区域的工作速度大不如前。在计算速度方面，我们也会远逊于年轻的时候。

不过我们还是要说说随着我们日益变老以后，记忆方面发生的好的变化。总的来说，我们会越来越多地关注大局方面的关联，与之互动，并完成更有难度的任务。特别是近来的一些研究结果表明，当我们变老以后，并不是像我们以前认为的那样，在记忆力方面遭受重大损失；相反，我们还有所得。遗忘不是什么可耻的事情，反而是一种进步。我们记忆的选择性不是任性的胡为，而是精心布局的措施。变老对于我们的记忆来说更多的是一种结构的改造，而非是记忆能力的减损。这也是本章后面讨论的基本出发点：记忆力在它老去的过程中并不是限制我们的生活，相反，它还帮助我们更好地应对和完成生活中的任务。记忆看起来就像是我们未来的间谍。

坏记性是怎么变成好记性的？

在记忆力和变老这个问题上的第一条忠告就是：不要受别人说的话的影响！科学研究一再表明：一旦我们确信在某个领域特别弱的时候，我们在接下来的测试中就会变得越来越弱。无数关于诸如"男人和女人谁的数学或者语言能力更强？"或是"德国学生和芬兰学生谁的阅读能力更强？"等话题的研究都表明，测试成绩往往深受刻板印象的影响。人们越相信自己缺乏某方面的能力，就会表现得越糟糕。反过来，人们还会认为自己的糟糕表现有了医学或者生物学方面的理论基础。特别明显的还有当人们变老以后带来的一些差别。因为我们跑完同一段距离需要的时间更久，所以我们深信智识上的能力也变得更糟糕。我们让自己相信，我们学习语言或者练习演唱会更有难度。当然实际情况可能也确实如此，只是年龄因素的影响远远没有达到我们想象中的那种程度。

第6章 记忆和变老

所以出于良好的动机，这笔账我们不妨倒过来算一算，看看随着年龄的增长，人脑都有哪些变得越来越好的地方。我们承认，记忆的某些方面，如工作记忆，确实是会蒙受损失，然而收益来自别的方面，这种收益也确实可以让我们不必惊慌失措。

为了能够更好地理解它，我们首先得有一个事关整体发展的全局视角。记忆的形成看起来嵌入到了我们脑部和思维能力的发展中。从根本上说，它的发展也遵循了相同的模式，这种模式初看起来非常独特。首先，它会给我们提供多于必要的可能资源，然后再在第二个发展步骤中逐步淘汰用不上的东西。于是，一个初生婴儿的大脑会发展出很多神经元连接——即突触，数量巨大到是个天文数字！仅举一例说明：从刚出生到1周岁时，突触的增加以平均每秒180万个的速度增长。而从2周岁起，这个过程就会减缓，甚至出现相反的趋势。直到5周岁时，仅在大脑皮层中就减少了200亿个突触。[1]也就是说，在开始的四年当中，人脑就已经按照当前面对的任务要求做好了准备。

留下的都是真正派得上用场的。以语言为例：人脑为各种不同的语音组合、语法结构和语义的关联的可能性都预留了空间。而到5周岁为止，人脑中的连接真正起到作用并保留下来的是与孩子的母语相关的部分。这种精简是非常必要的，并不是说人类天生狭隘，也不是人们在语言问题上就是母语沙文主义者，而是只有我们精简掉不需要的潜力，才能更好地说好用好一种语言。减少一定数量的突触是为了集中现有的力量。只有放弃一些也许有用但当前派不上用场的东西，人们才能很好地并最终完美地掌握自己的母语。

我们在青春期时还会经历一个相类似的发展阶段。人脑会再一次地进入一个跳跃式的发展过程。额叶中的潜能从12周岁起开始出现爆发式的增长，其结果则是其他区域的一些连接相应减少。脑部同时还会出现我们称之为"髓鞘化"（Myelinisierung）的变化，它指的是神经传导多了一层绝缘的外皮，可以改善电流传导，提升信号传输的速度。在青春期时，髓鞘化的数量大约上升至平时的两倍。

也就是说，我们的大脑只有以这样的高速网络进行工作，我们才能胜任成年人面对的各种思考任务。这种变化过程的缺点在于，人脑必须首先做出判断，改善哪些神经连接才是值得的？我们将来最需要哪种能力？

再一次回到语言学习的例子上来。读者可能自己已经发现：我们越到青春期的后段，学习一门新的外语就越难。当然这并不意味着我们无法理解一门语言的语法或者记住一门语言中的单词。相反，如果谁已经学习过一门外语的话，这时候再学一门外语往往并不十分困难。这里说的困难是指完美掌握语言中一些诸如重音、语调之类的理所当然的东西。我们掌握了一门外语以后，在说外语时仍然会有一些口音，即使我们能说得很好，并且能够运用这种语言进行

第6章 记忆和变老

深入的思想交流，还是会存有微小的口音特征。英语专业术语使用了"可塑性窗口"（windows of plasticity）这一隐喻来描述这种现象。可塑性窗口一旦关闭，我们所面对的可能性就变小了，然而我们已经掌握和学习到的东西也会变得更加牢固，不会轻易失去，且可以更有效地加以利用。也就是说，我们失去了一些曾经拥有的开放的可能性，但是却能够把我们必须要做的事情做得更好。

我们现在从青春期跳跃到50岁及以上的年龄。从解剖学角度来看，人脑的老化过程也并非是同时性的。这就是说，有些区域可能较早地开始老化，而有些区域则较迟地受到影响。我们这里主要介绍一下大脑的左右半区，又叫左右半球。人脑右半区的脑量衰减快于左半区。脑沟变宽，组织衰退。受影响的区域首先是顶叶和枕叶。左脑和右脑也无须绝对化地加以理解。个案中，脑半球的功能也会按我们总体倾向于哪一侧来进行分类。96％习惯使用右手的人的语言能力位于脑的左侧，而方位感位于右侧。而左利手则会更平均地分配。

纽约神经心理学家埃克霍恩·哥德堡（Elkhorn Goldberg）通过研究进一步确认，右利手的右半脑大约整体上比左半脑提前十年开始老化。[2]右侧大约在50岁，而左侧直到60岁才开始衰老。[3]从这一状况出发，他认为，人的右半脑的机能应该先于左半脑而衰退。左半脑首先负责思维的模式和套路，新的体验可以归入到模式和套路中去。语言是一个实现模式识别的特别全面的媒介。我们拥有一些既有概念，并将新感知到的事物从语义的意义上归入到既有的概念中去。右半脑的工作机制有所不同。这里首先要新生成一个合适的概念或者产生一个适当的意思。所以说，右半脑是用来处理新事物的，它进行所谓的第一次处理。[4]此外，人们也会说，右半脑具有整体观，总是试图建立起单个出现的事物之间的联系。[5]每当我们需要理解我们所面对的事物时，我们就需要右半脑的思维。它可以帮助我们在未知的领域中辨别方向，实践中被证明行之有效的东西，会转移到长期记忆中去。

大脑活动左右的分区还和氛围有关。令人愉快的信息，我们更倾向于用左半脑去处理，而在评价新环境时的批评性意见则多数在右半脑中生成，因为在这个区域中，人们的思维是不太受成见的约束的。此外，信息内容也起到很重要的作用。如果涉及需要注意力和压力的时候，身体就会分泌去甲肾上腺素——这种神经递质首先由右半脑分泌。而多巴胺，这种可以激发奖励机制的激素则能在左半脑中起作用。氛围的调节最终也和脑部分管情感的结构密切相关。第5章中已经介绍过的杏仁体也分为左右两部分，分管正面信息的左侧杏仁体就无法像它右侧的同伴那样唤起诸如恐惧和害怕之类的负面情绪。

最终，人脑还有一种代偿效应让我们往往感觉不到它在老化。

第6章 记忆和变老

脑部各区域可以在一定程度上团结合作，这就意味着：某一脑部区域的功能衰退了，另外一个区域可以部分取代它的功能。在记忆力测试中，研究人员发现，年轻的和上了年纪的被试者表现出了大致相当的水平，然而在核磁共振成像下可以看出两者之间的差别。年长的被试者在解题时还调动了脑前区的额区。其他的实验也表明了人脑中其他形式的补偿效应。[6] 根据任务的不同，人脑会分配工作。[7]

在衰老和记忆的问题上，我们现在可以得出一个阶段性的结论：我们有得有失，然而从总体上来看，在生物学意义上的衰老给我们造成可见的负面影响之前，我们应该是得多于失的。直到那个时候，脑细胞才开始出现真正意义上的不可修复的衰老。只不过要等到人到了大约85岁的时候，才会跨越这个时间门槛，而由于每个个体的差异，很多人脑细胞的衰老还更迟一些。可以说直到60岁的时候，我们的记忆仍然处于发展中，还可以有所得。

这是可能的，因为我们虽然在某些能力上有所损失——我们可能不像年轻时那样长时间地集中注意力，也不可能同时考虑那么多事情了，思考的速度可能也有所下降，这是因为我们的工作记忆能力下降了，然而从整体上看，我们在记忆方面仍然有所得，表现在：我们不仅有能力通过其他方面获得的能力来弥补工作记忆方面的损失，还获得了很多以往没有的知识。单从知识量的角度讲，我们有比以往更多的知识和经验可以作为后盾，因而能够更好地运用这些知识。情况表明，一个人如果数十年如一日地不断重复浸淫于某个领域或者某项问题，就可以形成知识的积淀。

这种效果可以通过有意识的行为而形成，比如我们多年来从事对某种理论或者思想体系的研究，也可以是在未经主动和有意识的工作中不知不觉中形成。在知识内容方面，这个过程看起来也是从自主的整理开始，直到概念形成，然后我们就可以认识知识的浸染已经发展成为大脑皮层中的概念细胞（conceptual cells）的形成。即使当我们学习新东西的时候，也在不知不觉中取得了长足的进步。人们习惯用一个来源于英语的表达通俗地说明这种现象，叫"干中学"（learning by doing）。我们在不知道不觉中有了进步，甚至自己都说不清楚原因是什么，秘密只有一个，就是我们不断地去做它，然后就自然而然地学到了更多东西。

内隐记忆

不断重复做一件事情而形成的套路在记忆研究方面称为"内隐记忆"。这其中包括身体方面的能力，如骑自行车、游泳，尽管这些绝大多数并不完全单纯依靠身体。身体的练习，特别是体育运动随着对手或者同伴一起参与进来，就对我们提出了更高的要求，同时也越来越依赖我们的智力因素，乐器演奏也是一个很好的例子，还

第6章 记忆和变老

有阅读、写作和说话以及其他一切和我们的语言表达有关的东西。它涵盖了我们在学习和工作中形成的一切驾轻就熟的套路。我们不必从事宇航员或者是外科医生这样的高难度职业，可以说任何一种职业中，我们都会发展出一些需要身体和智力协调动作的熟练套路。

再看一下我们的认识机制，内隐记忆中还包含了一种模式识别能力。我看到了某种新的东西，并且这种新的东西当中含有一些我所熟悉的概念的形式、结构和要素，就会产生所谓的启动效应（priming）。后来接收的某个刺激可以受到先前形成的模板的影响。我们的认识已经有了预定的方向。不仅商业广告利用了这种心理机制，享有盛誉的名牌商品更是从启动效应中大大获益。

对于我们学会的能力来说，好处在于我们绝对不会越变越差。一旦学会了骑自行车就不可能突然又不会骑了。会弹钢琴以后也不会轻易失去这项技能——除非我们停顿了太长时间不加练习。工作中形成的套路随着我们从事该项工作的时间越长，也会越来越熟练。如果我们不断地反思自己在工作中的经验，并且设法把内隐的知识用显性的方法表达出来，让他人也能够理解的话，这种知识对于我们来说就会更加巩固。所以在科学和工作中出现了大量关于如何能更好地推动它们前进的方法。本书亦是尝试着将人们不知不觉中的记忆机制呈现出来，并帮助人们更好地学习和工作。

工作中形成套路的后续效应以及随着时间的推移不断优化的工

作方法都对我们有着非常积极的意义。我们的记忆对于知识的组织越快、越模式化，同时越深思熟虑，那么我们的工作效率就越高。而在精力集中、多任务功能以及速度方面的一些损失则完全可以通过优化工作方法进而提高工作效率加以弥补。我们在工作中不会再像一个初学者那样把所有的事情都要从头考虑一遍，而是只要把时间花在考虑那些与既往熟悉的过程有区别的地方即可。只有这样，今天的大学老师才能在有限的时间内审读大量的学期论文和毕业论文。只有这样，有经验的从政者才能处理大量的政务。也只有这样，我们每个人，无论我们从事什么工作，才能胜任不断增加的任务量和不断提高的工作要求，也才能取得职业上的进步。工作能力随着时间不断进步正是因为我们在不断地变得更好。

记忆密度的高峰和低谷

我们现在来做个实验，这个实验每个人在家里也可以自己试着重复。你问问自己，过往生活中的哪个阶段给你留下了最为深刻的回忆？[8] 从统计的正态分布上可以得到如下结论：所有我们第一次经历，并且带有一定体验意义的事情，我们都能很好地记住。初吻，第一次试驾，大学开学，工作中第一次成功主持的项目，第一个孩子的降生。所有这些一般都发生在 15～25 岁或者 30 岁之间。记忆的高峰分布在 20～25 岁左右的年龄段。你如果已经过了 35 岁这个年纪,不妨再试着回想一下,那个时候都干了些什么,也许你会发现,这段人生经历似乎没有那么大的密度。下一次峰值出现在40岁左右。这个时候是事业的上升期,在这段时间里你经历了工作经历的各种升迁。当上了部门主管,成为了驻外人员,或者说这段时间在工作上总会发生一些我们容易回忆起来的事情。

还不仅如此。在青年时代的记忆高峰期,我们记住的事情都是人生道路里程碑性质的事件,伴随这些事情,我们在爱情生活、学术生涯、职业生涯等上进入到一个新的人生阶段,而40岁以后的记忆则是一种级别的提升。一开始是实习生,然后是见习员,再成为报纸的编辑,接下来有机会去电视台工作一段时间,有了自己主持的一档节目,成为总编,最后登上职业生涯的高峰。总有一天在我们的记忆中属于中年人的第二种类型的记忆会慢慢占据上风。我们的人生道路一步一个脚印踏实向前的记忆比青年时代那种进入新的领域相关的回忆显得更为重要,当然这可能首先表现为记忆的数量密度,而非情感价值。要知道,初吻,对于每个人的重要意义,毕竟那是第一次。就像赫尔曼·黑塞(Hermann Hesse)用诗化的语言说的那样:"每次开始中都居住着一个小魔法师。"[9]

神经生成,记忆的青春源泉

如果我们又进入了一个全新的环境,要求我们的记忆能够焕发青春,那么我们已经上了年纪的记忆会做出什么样的反应呢?比如现在要求我们又酷又炫地登场亮相——然而从既往的经历来看,这似乎又并不是我们的长处。或者说,现在外部环境要求我们在事业上或者工作中另起炉灶重新开始?

我们不折磨读者,直接揭晓答案:是的,我们的记忆可以胜任,人脑中有一座青春的源泉;医学上它被称为神经生成,即新生的神经细胞。但是却并不像之前介绍的在事业上节节攀升的案例,这里的结果并非完全那么令人神往。如果说前面的案例是个 1∶0 的比分,那么现在我们不得不接受一个不尽如人意的平局:我们虽然还能再次爆发,但是好钢必须用在刀刃上了。因为新生脑细胞的存量总有一天会耗尽。读者们也尽可以相信指导书上写的关于运动和脑力训练对于新生大脑细胞的促进作用。我们也完全赞同这种措施。我们还想透露的真相就是:新生细胞的油箱总有一天会干涸。除非我们下决心接受闻所未闻的手术,对此我们会在后面进一步聊聊。

新的记忆细胞与金丝雀和斑胸草雀有什么关系?

喜欢金丝雀、了解斑胸草雀的人应该知道,这两种鸟儿在秋季的时候会停止歌唱,而到第二年的春天又会开始歌唱。但是如果仔细分析它们的鸣叫声,就不难发现,它们在新的一年春季时的叫声和去年秋天时已经不一样了。它们非常有创造性,并且在新的一年

第6章 记忆和变老

中唱出了完全不同的旋律。鸟儿是怎么做到的呢？它们是如何让人们在每年春季欣赏到一套全新的节目单呢？

对它们的神经元进行解剖为对记忆和创造力进行研究的科学家提供了进一步的答案：首先，鸟儿多种不同的鸣叫方式不可能是由基因决定的，因为如果是由基因决定的，就不可能生成全新的曲谱；即使可以有新的曲谱产生，也不可能是一蹴而就的，而是非常缓慢的，要历经无数代鸟儿的演化。同时可以排除的可能性是，这些鸟儿并没有可以模仿的对象，因为所有的鸟儿都会在春天到来的时候同时重新谱曲歌唱。所以说，可能性只有每只鸟儿身上发生了令人惊讶的某种变化。实际上，每年秋天的时候，这些鸟儿有一些和鸣叫有关联的脑细胞死亡，然后到第二年开春的时候，在那些死去的储存着旧的乐章的地方又会重新生成一些脑细胞。发现细胞重新生成的意义还在于，以往没有人认为在性成熟之后还会存在脑细胞重新生成现象。[10]科学家们直到20世纪90年代初也还一致相信人在成年之后，神经系统的核心区域不可能再有新的细胞生成。

在鸟类之后，人们又在大鼠和白鼠并最终在人身上研究了神经细胞再生现象。在啮齿目动物身上科学家找到了证据，同时对于人身上的类似现象，学界也取得了共识。[11]对记忆来说，重要的是海马体区域的神经细胞生成。新生神经细胞中负责细胞间连接的突触还具有很强的可塑性。它们在某种特定的编码方面起作用的时间越长，次数越多，那么工作的精确性和效率也会越高。同时，它也会慢慢失去可塑性，也就是说它们被限定专门应对某种任务。生成新的神经细胞和新的突触过程中，也可以很容易地开发出大脑中新的关联。

这又是我们的记忆作为我们未来生活的侦探的一条重要证据：也就是说，在达到一定年龄之后，我们还需要挑战自我，从零开始从事一些全新的工作时，记忆不会直接对我们说："不，你必须重新想清楚！"相反，它会追随我们的脚步，再次变得年轻，用一种令人惊愕的方式提供给我们如同青年时代一样的可能性。于是我们大约在60周岁的时候还能变得非常有创造力，胜任巨大的变革，在思想世界中取得飞跃或做出原创性成果。接下来我们还会再详细加以阐述。

训练是如何帮助我们的记忆的？

成年人的大脑中还能生成新的神经细胞，这件事情本身听起来就非常令人惊讶，当然也令人振奋，即使上了年纪，神经元完全有可能再生，然而，细胞新生的源泉毕竟是有限的。神经干细胞虽然有分裂的能力，但是这种分裂能力不是无休无止的，干细胞池也会慢慢变小。神经元再生的规模也不可能是全局性的。不可能如同大修一样全面再生细胞，并且再生能力总有枯竭的时候。同时，一次

第 6 章 记忆和变老

新生的细胞越多,预留的存量消耗就越快。一方面,我们无法预言,神经元再生现象到什么时间节点会完全停止,另一方面,神经元再生的量也受多种因素的制约,体育运动和脑力训练可以促进它们,而紧张则会对其产生抑制作用。

关于这个话题已经有了很多实验和临床研究,鸟类和啮齿目动物研究表明,细胞新生依赖于被试动物是否接受身体运动和记忆训练以及做多少相关的练习。记忆训练的意思是指,人们将被试动物放到一个刺激它们的环境当中去(专业英语叫作 enriched environment)。[12] 而关于人脑,越来越多的实验数据证明,身体和记忆方面的训练对记忆能力有积极作用。2015 年 3 月的《柳叶刀》杂志上发表的一项研究表明,一整套由平衡饮食、体育和认识训练组成的训练方案对记忆能力有明显的可测量的积极影响。[13]

至少在动物实验中,节食也是有效的方法——科学家第一天完全不投喂动物,第二天喂一些食物,然后保持让动物饥一天饱一天的状态。动物的记忆能力提高了,大脑中炎症的进程受阻。后者对于诸如阿尔茨海默症、帕金森综合征、亨廷顿舞蹈症以及中风等疾病都有积极意义。[14] 而上述的一整套措施是合在一起才有效果,还是相互补充,抑或是各自独立起作用,还有待进一步的研究的揭示。比如说,更多的身体训练有助于新生更多的神经细胞,并且还可以让新生的细胞不会那么快地死亡。[15] 而节食对于细胞新生的作用仅限于提升新生细胞的存活能力。[16]

很多在这个领域从事研究的医生和心理学家都建议不要只从事过于单一的智能训练。很多现行的训练方法往往都只锻炼了记忆中的一小部分功能。而对于我们的精神来说,其实和身体运动机能一样,多种功能协调运作是一个非常复杂的整体。向一个复杂系统中投入了什么,就能收获到什么。这样一来,你通过某项特殊训练也只是提升了某个局部的能力。[17]比新近发明的一些记忆游戏更好的是对我们的整体记忆能力都可以起到训练效果的一些有挑战性的任务:比如学习一门新的语言,练习一种新的乐器——这应该是有一定难度的挑战,同时不要忘了还需要一定的社交。也就是说,我们要与人打交道,建立友谊,积极参与社会生活,乐善好施,为人着想,简单地说,在交往中相互提出和应对挑战。

所有这些对大家可能并不陌生且在很多书中都已经有过描述,我们在这里只提及另外一个有关记忆的更为行之有效的新方法。它看起来比我们前面提到的各种应对措施的清单还更重要。这不是开玩笑,因为很多医生都报道了记忆抗衰老的趋势在很多患者身上表现出了令人忧心忡忡或者至少是矛盾的结果。有很多成瘾的患者在就诊中抱怨,除了身体和记忆训练以外,他们没有时间做任何其他事。还有的患者表示,训练确实有效,同时也感觉不错,只是他们不知道在这种感觉不错的状态下他们可以干点什么。虽然通过训练达到了精神智能的重建，但是却在日常生活中百无一用。我们掌握了精神抗衰老的尖端技术，甚至不断为它做宣传，然而我们全新打磨的一把利刃却在生活中无用武之地。

随着时代一同前进：比任何训练都好的方法

有一种因素一旦加入进来，一切就会变得完全不同，所有的努力也都会加倍起作用。这个因素就是动机（Motivation）。当然记忆培训课程中的受训人员也都有着很好的训练动机，比如他们热切地希望用最短的时间把字谜游戏解出来。然而我们这里说的动机并不是我们在参与游戏时的那种兴趣和投入，而是与我们的人生直接相关。我们关注的这种动机来源于我们要掌控的生活情境，而这种生活情境对我们来说是真实的挑战。这意味着不是我们在工作中已经司空见惯，或者说我们像做游戏一样就能完全胜任的东西。它必须是一项挑战，对此我们并没有熟悉的套路可以遵循。换言之，这并不是我们到了一定年龄后谋求稳定以便功成身退，而是要重新开始一项带来新的荣誉的工作。我们不是要保守地过完此生，而是要从头来过。我们要关掉倒计时钟，打开秒钟，争分夺秒。我们要再一次做出点成绩来，证明自己，让别人看看。

这样的一种情境可以说是人上了年纪以后的记忆文化中最大的动机来源。有数据可以说明问题，很多在四五十岁后才再一次（也有可能是第一次）组建家庭的人，明显活得更长，且精神上可以保持更长时间的活跃度。和年轻人打交道总体上可以帮助我们保持思想上的活跃以及对新事物和新问题的一种开放态度。出差作学术报告，参加学术论坛，出场参加各种活动，如果读者碰巧也在学术圈中，就会知道这些活动显然可以帮助我们保持记忆的年轻，甚至还能达到更高的境界。著名哲学家汉斯-格奥尔格·伽达默尔（Hans-Georg Gadamer）就是在他退休之后再创学术道路上新的辉煌，并且取得了个人成就的真正突破。也正是这一时期的学术贡献才让他在学术界成为一颗真正的明星。他结过两次婚，他的代表作《真实与方法》(*Wahrheit und Methode*) 出版于60岁那年，他102岁寿终于风景优美的海德堡。

有的人可能会说：我和我的孩子或者孙辈们一起玩耍，我也就像个孩子一样，即使上了年纪也会有如孩子们一样的欢乐，这也是自然而然的事情。确实如此，但还是要注意，记忆会在我们上了年纪后和年轻人打交道，从参与他们的所作所为、了解他们的所言所想中获得一种推动力。另外一种更特殊的情况是：除了我们生活圈子中都是一群年轻人之外，如果我们生活的整个时间也是年轻的，我们的记忆也会因此而变得年轻。这时，我们就不仅仅是被一群青年或者说年轻的记忆包围着，而是我们完全进入到了另外一种记忆之中，进入了一个全新的时间体系中，它对我们所有人都有同样的

第 6 章　记忆和变老

效果。

对于这样的一种现象有经典的称谓,唯心主义哲学称之为"时代精神"(Zeitgeist),它影响着我们所有人。记忆研究当然也不会放过这种特殊的现象,并将之命名为"集体记忆"(kollektives Gedächtnis)。它是什么,从哪里来,会成为什么?我们在下一章中再详细讨论。当下,我们为了理解下面的内容只需要知道:我们所处的时代发生了某种变革,历史就会更新到当下具有决定意义的时间点,然后以这个时间点为出发点,开始吸纳所有可能的个体精神。具有历史意义的这种吸纳不是仅仅吸取了我们首先就能想到的年轻的精神,而是所有的各种形式上的在其智识的生命中尚未完结的精神。常常对历史起到决定性推动作用的正是一位早就已经过了最好年华的大器晚成的天才人物。时代精神对年龄是最不设限制的,它总会找到合适的学者、政治家或是别的人物,通过他们把自己进步的诉求表达给公众。[18]简单地说,代表着青春和进步的时代精神眷顾的那个人在生物学上的年龄并不重要。

举个特别能说明道理的例子,伟大的哲学家康德于 1724 年生于柯尼斯堡,逝于 1804 年。康德是一位伟大的学者,在学术上集理性主义体系之大成——这是一座非常广博同时也是严格构建起来的思想大厦。此前,他最多被看成一位中规中矩的哲学家,完整地继承了老师们的思想体系,并予以一定程度的完善。然而在 1781—1790

忆见未来

年间发生的事情则让所有认为人老了就不中用的人大跌眼镜。康德，这个来自理性主义学派的二流甚至三流的哲学家突然发表了三部哲学著作：《纯粹理性批判》《实践理性批判》和《判断力批判》。在其发表之后，一下子就造成了学术的巨大转向。事实也是如此，自"三大批判"问世以来，人类思想世界就不再是原来的面貌。康德将主体置于世界观察的中心，我们所了解的现代性也正发端于此。

我们来计算一下："三大批判"的第一部问世时，康德已经56岁，第三部出版时，康德已经64岁高龄。在这之后，他还发表了法哲学、伦理学和历史哲学的文章，并从事科学理论和政治学的研究。

再翻开历史书看看，我们就更容易找到随着时代一同前进是保持记忆年轻的法宝的各种例证。18世纪80年代是个了不起的变革时代。1789年的法国大革命标志着世界历史发展的高潮。读过康德的人一定会非常惊讶于这样一个普鲁士新教理性主义学究如何能够把这么多世界精神滚滚前行的革命性元素吸纳到著作中来。康德是第一个用德语写作的哲学家，单凭这一点，他已经非常具有革命精神。然而他的话语从本质上说还是拉丁文的：各种从句套从句的表达以及句法逻辑上的无比严谨，或早或迟地会让读者感到绝望。而正是这位康德成为宗教和伦理学上激进地通过清除一切旧有的东西而澄清意见分歧的关键人物，也因此，他被人们称为"打碎一切"的康德。当然我们也不想否认，在思想上攀上高峰的老年康德最终也难免罹患记忆损失，我们会在下一节中再谈这个话题。

也许有的读者会想起丹尼尔·克尔曼斯（Daniel Kehlmanns）《测量世界》（*Die Vermessung der Welt*）一书中的一段话。有一次，数学家高斯（Carl Friedrich Gauss）一定要去柯尼斯堡拜访著名哲学家康德，最后当然他也见到了康德。在一番来来回回的理论之后，仆人兰帕还是把他带到了康德面前，高斯带着十万分的敬意向哲学家解释了自己新近关于空间的想法，以及为什么说欧几里得（Euklid）在测量恒星时有可能是错误的。然后他开始等待。

"香肠，康德说。请？这个兰帕该去买香肠。香肠和星星。他该去买。高斯站了起来。我还没有完全忘记礼仪，先生们！康德说。这时，一滴口水从他的下巴上滑过。仁慈的主人现在累了，仆人说道。"[19]

康德最后明显是耗尽了心血。但是把手放在胸口：也许读了他的"三大批判"还不一定能马上做出判断，但是如果你读了莎翁最后的作品《暴风雨》，或是听了贝多芬的第九交响曲——这样做难道不值得吗？我们难道不应该做出点成就以图青史留名吗？

为什么吸血鬼永远不会老？

关于异体共生（Parabiose）现象，在德国往往是个不太愿意被提及的话题，至少不太愿意在公开的场合去说它，当然这是有理由的。因为这种实验方法一下子就会让人产生关于吸血鬼故事或者是弗朗肯斯坦（Frankenstenis）小说情节的联想和想象。这种实验发端于19世纪中期——也确实是黑色浪漫主义的时代。二战后，人们在科学实验的设计和范围上越发谨小慎微，在德国，异体共生的动物实验自1987年以来被完全禁止。在美国，人们对此抱有很大希望，因此还在做相关的研究。

这种实验的具体情况是：人们把一只年老的和一只年轻的白鼠缝合在一起，让两者共用一套循环系统。这便是这种实验中弗朗肯斯坦式的东西。两只动物被人为地制作成连体双生胎的模样，两个头，八条肢体，两个心脏，但共用一套血液循环系统。将动物连在一起的目的在于通过将年轻白鼠的血液输送到年老白鼠的体内，以延缓甚至反转后者的衰老。这便是该实验中吸血鬼小说的元素。

实验结果如何呢？"结果令人惊讶。实在是太有趣了！"[20]南加州大学的别里斯拉夫·扎洛科维奇（Berislav Zlokovic）这样说道。首先人们发现，年老白鼠的肌肉组织再生了。这是存在于血液中的生长因子GDF11起作用的结果。我们则只关注实验对于记忆能产生什么样的效果。类似阿尔茨海默症等疾病出现的问题或者脑细胞的普通代谢问题都在于我们的免疫系统。当它越来越弱时，随着年纪的增长，就会出现越来越多的炎症病灶，这些又成为各种功能丧失的重要原因。斯坦福大学的托尼·维斯-柯雷（Tony Wyss-Coray）

第6章 记忆和变老

将一只3个月龄的白鼠和一只18个月龄的白鼠缝合到一起,让它们以这种状态共同生活了5个星期后,在电子显微镜下研究了年长白鼠的免疫细胞:单从细胞的外部形态来看,它们也变得显著年轻了。

在另外一项研究中,科学家观察了海马体细胞中突触的变化。人们观察到了更多的刺(Spines)以及突触的生成。总体上讲,突触的可塑性提高了,它们表现出更多的可塑性,同时也能够变得更强壮。众所周知,这也是我们学习新东西,并掌握它们形成记忆的基本前提。最后,科学家还将年轻白鼠的血浆输入到年老白鼠的体内,每三天一次,持续三周。接下来的功能测试中,接受了血浆治疗的白鼠在记忆测试、迷宫测试和压力测试中取得了明显更为优秀的成绩。

综合地看待这些实验结果:更多神经生成,更多的突触生成,更大的神经间连接密度以及更小的炎症率。总体记忆能力提升。雄性和雌性白鼠同样受益。[21]

动物实验给我们什么启发呢?是我们尝试着把这种实验转移到人身上来的时候,我们期待着在这种过程中并没有出现任何失败者(年轻的白鼠),还是通过输入血浆就可以实现异体共生的效果,或者通过人为方式就能成功产生那样的使人变得更年轻的因素?

毫不夸张地说,这种后果是完全无法预见的。我们只需要一点点想象力按照所谓的"不死之路"的可能性来推算一下整个事情。

显而易见的是：如果我们借助于异体共生或者血浆输入真的可以走在永远年轻的路上，那么我们一直以来关于记忆的问题就成了人类面临的问题中一直被忽略的一部分。那个时候，我们可能就会认真地来考虑一下，我们究竟是不是要永生的问题了。如果需要，那么这对谁来说有好处呢？或者说，就像尼采说的那样会导致"相同的事物的永恒轮回"，这是最最无聊的事情。我们现在讨论的不过是问题的冰山一角，在我们思辨永恒的时候，我们先来探索另外一个现象：阿尔茨海默症。

阿尔茨海默症及人类的无计可施

我们从一项统计数据开始，它可能还能给我们稍稍带来一丝安慰。根据德国阿尔茨海默症研究会的统计数字，在65～69岁年龄段的人当中，罹患该病症的人仅占总人口的1.2%，70～74岁年龄段的患病率达2.5%，75～79岁年龄段达到6%，而80～84岁的人患病率高达13.3%，85～89岁的老人患病率达到23.9%，超过90岁以上的人群患病率则上升到34.6%。如果我们按照函数关系来看这个统计数据的话，可以得出结论，随着年龄的增长，患病率呈现为一种级数上升的曲线。照这样计算，我们可以认为，100岁以上的老人当中，半数都会得阿尔茨海默，而到120岁以后，从统计上讲，人会有100%的概率成为阿尔茨海默症患者。

第 6 章 记忆和变老

什么是阿尔茨海默症？疾病的名称首先要追溯到疾病的发现者，心理医生阿洛依斯·阿尔茨海默（Alois Alzheimer），他首先于1907年在德国大学城图宾根召开的一次学术会议上详细介绍了这种疾病患者的病例。导致这种疾病的原因可能多种多样，迄今为止，我们已经理解了其中两种重要的发病途径。[22]人们首先观察到的变化发生于细胞膜之中，这是细胞的一层"外套"。细胞膜中，分泌酶（Sekretasen）和一种蛋白分子链［其中含有淀粉样前体蛋白（APP）］产生反应，从而产生特定的产物β-淀粉样蛋白（β-Amyloid）。其反应原理为，首先淀粉样前体蛋白（APP）在β-和γ-分泌酶的作用下分解，分解产生的β-淀粉样蛋白又与其他同种蛋白结合，从而形成淀粉状蛋白斑。蛋白斑在核磁共振成像扫描中可以被观察到。核磁共振想必读者已经不再陌生，而这种淀粉状蛋白斑的影响目前还没有完全研究透彻，但是它对于人脑的损害作用目前已经在多方面显现出来，也通过小鼠的对比实验得到了证明。

与阿尔茨海默症有着密切关联的另外一种变化不是发生在细胞外部，而是发生在细胞内部。受影响的是轴突及其传导体系。具体来说，就是具有支持功能的一个特殊组成部分，相关的蛋白质被用希腊字母陶（T，读音Tau）命名为陶蛋白。在陶蛋白上会积聚大量带负电荷的磷酸盐，它最终使得陶蛋白从整体中析出，并粘合成纤维化陶蛋白。这样的反应导致传导的支持作用崩溃。轴突的微管碎裂，神经连接中断，细胞逐渐死亡。如同蛋白斑和神经传导崩溃之间的关系一样，对这一机制的研究也还没有得出最终的结论。科学家们推测，蛋白斑形成了炎症，然后它在细胞及其支持系统中施加影响。通过动物实验，人们已经发现，蛋白斑的堆积使得突触不能正常工作。是否不断增多的炎症和受干扰的信号链最终会让神经通道受损，目前仍然只停留在科学假说阶段。

疾病和由此产生的细胞死亡在人脑中是一步步发生的。首先受到波及的是梨状皮质（Riechhirn）以及对于记忆至关重要的中枢，这就是指我们的海马体和内嗅皮层。记忆的障碍相应发生得很早，嗅觉方面的减弱往往也难以发觉。最终是整个大脑皮层都受影响。影响特别大的是那些能够产生起调节作用的信息物质的地方。比如，下橄榄核（Nucleus basalis）就可以产生神经递质乙酰胆碱，它能够帮助我们集中注意力。当这个部位面临细胞死亡的威胁，患者就难以集中注意力去学习新的东西。又如，黑质（Substantia nigra）可以产生多巴胺，它可以促进情绪，提升动机。

同样，在接收器方面，细胞死亡也会导致某种失衡。比如在海马体中，不仅信息接收的调节产生错误，而且谷氨酸盐的减少调节也产生紊乱。最终的结果就是，在人脑中存在过量的信息物质，从而影响了突触中的信号加工。去甲肾上腺素在人脑中所起的作用就和肾上腺素在我们的身体中的作用是一样的：被唤醒，进入准备状

第 6 章　记忆和变老

态，集中注意力。一旦缺乏这种物质，我们就无法真正接触到新的东西，无论是短时记忆还是长期记忆都会受损。人也就无法记住东西，或者说刚刚才学习的东西很快就又遗忘了。这在医学上叫作"顺行性遗忘"（anterograde Amnesie），即是一种并不是反向忘却过去发生的事情，而是忘却将要发生的事情。这时人无法再接受新的东西。

近年来，阿尔茨海默症越来越多地成为了电影和小说的主题。最近最为著名的当属在电影《依然爱丽丝》（*Still Alice*）中饰演主角的朱丽安·摩尔（Julianne Moore）获得了奥斯卡奖。影片讲述了一个逐步并最终完全失去记忆的人的故事。人们可以用一种技术的隐喻来非常妥帖地描述这种状态：逆向工程（reverse engineering）。也就是说，所有的能力和脑功能都在不断逐步丧失。最终我们退化成为一个孩子，再后来成为母体中的胚胎一样，无助之极。失去了空间和方位，没有左，没有右，没有上，也没有下。

这种疾病是可以遗传的，最早从大约 30 岁时就已经显现出初始症状。严重的案例只占很小的份额，约为 2%。其他的案例一般来说都要经历 30～50 年的病程发展。该疾病需要大约 10 年，有时候甚至是 30 年时间，才会使症状表现出来。也就是说，人们可能在 30 岁左右的时候已经患病，但是直到大约 60 岁出头的时候才感觉到患病。

忆见未来

　　总的来说，这是目前为止，我们能够比较简捷明了地告诉大家的东西，也是目前科学界有着比较统一认识的结论。而究竟这种疾病是什么导致的（除了少数遗传原因导致的之外），到目前为止也没有定论。不过，科学家还是指出了一些风险因素。很多与心血管循环疾病的风险因素类似：高血压、超重、糖尿病、冠心病；特别高风险的还有心律不齐患者。酗酒对于任何健康建议来说都理所当然应该戒除。如果到了50岁以后，仍然在吸烟，神经科医生一定会用怪异的眼神看你，因为它会成倍增加患病风险。

　　《依然爱丽丝》这部影片我们几句话也很难说清楚，它向我们展示了阿尔茨海默症对人的侵袭。我们必须痛苦地认识到，失去记忆，我们也就失去了全部人格。它构成了我们是谁以及我们想干什么的一切。我们所有的东西都建立在这种回顾过去、展望未来的能力之上。但是对于那些罹患了疾病，渐渐丧失记忆，开始认不出周围的人，每天的日子过得越来越苍白的人来说该怎么办呢？影片或许给了我们最佳的答案，那就是女主人公最后的话：爱！

Das geniale Gedächtnis

———

第 7 章

集体记忆

大脑的联网以及为什么我们所有人都知道小红帽

现在我们不禁要问，我们的记忆能否超越我们的大脑以及它的生物属性生存下来。《圣经》给了我们一个经典的解决方案，只是我们要相信人在死后还会有一次生命，并且在末日之后又能重新复活，以至于我们仿佛根本就不会老，也永远不会死一样。另外一种可能性则是，我们以让自己的思想和行为方式即使在我们死后很长时间仍然继续施加影响的方式存在下去。古希腊英雄人物阿喀琉斯就梦想可以不死，只要此后人们吟唱《荷马史诗》来歌颂他，与世人分享对他的怀念。只要人们还用他的方式来思想，把他的行为当成榜样，试图模仿他，那么他就还继续活着。学者们似乎也正是抱有同样的梦想，他们写在书中的记忆可以继续发挥影响，并且在后人当中寻找到新的记忆载体。

　　其实还有另外一个替代的解决方案，这一方案并不期待出现个体的解决方式——个体重生、模仿者或是崇拜者，而是一种群体解决方案。这里说的正是集体记忆。这背后的道理非常简单：我们认

第 7 章 集体记忆

为，我们每个拥有记忆的人在这个世界上并不孤单。我们周围其他的人也都拥有一个自己的记忆。如果我们可以成功实现让这些记忆相互之间连接起来，那么就形成了一个共同的记忆池（Gedächtnispool）。属于个人的记忆，特别当它是非常重大事件的回忆，比如2001年纽约世贸中心双塔倒下的瞬间的印象，可以进入到这个记忆池当中。个体的记忆只要和他人分享，即使拥有这个记忆的个体湮灭了，但是记忆依然可以保留下来。

一位埋在倒塌废墟下面的消防员用手机给家人发出的最后一条手机短信。一位记者突然之间失声高呼"世界从此不同！"亲历者的面孔上流露出的空洞而又无语的惊恐表情。从上述的这些例子中我们看到的是个体的记忆瞬间就有可能成为公共的东西。我们所有人从广义上"接受"了它们，以至于我们就仿佛有了某种身临其境的印象。当我们看了一场电影或者聆听了当事人的陈述后就会有种把本来对我们来说完全陌生的体验从某种意义上讲看成自身经历过的事情。而且一旦这些东西与我们自身的经历建立起某个切入点时，它就成了个体记忆的一部分。如果我们已经在不断追问自己，2001年9月11日的那个上午究竟干了些什么，并且我们确实想起了我们当时做的事情的话，那么我们实际上就有了把外来的经验和自身的经历混同在一起的意愿，并且我们也完全不觉得这有什么问题。如果我们可以在某个场合下发出声音证明，我们在什么时候、什么地点经历了纽约市中心发生的事情，我们自己就成了事件某种意义上的见证者。我们为证明记忆做出了贡献，我们自己成了记忆的源泉——至少是在我们认可了"集体记忆"这种现象的时候。

这样，我们的思想、印象和记忆就可以继续活下去，即使我们本人已经不能再发出声音或者说我们的本体已经不复存在。对我们自己来说至关重要且对日后产生巨大影响的事件，对于别人来说亦是如此。就像前面9·11的例子一样，我们会和别人分享惨痛经历中伤痛的东西和深深的恐惧，在陈述者曾经亲临现场而听众们远离事发现场的情况之下。此外，我们不仅与当时不在场的人分享自己的记忆，甚至还会把它讲述给当时还没有出生的人听。原本属于私人的印象和感觉成了一个集体共同的东西，个体的经历就进入到了集体记忆之中。集体记忆环绕在我们周围，给予我们每个人对事物的印象。

批评者马上就会说，太美好了，以至于不现实。继续活在别人或者后人的记忆中，几乎就像童话故事中的人物那样永远年轻、永远不会死，不过是一个梦想而已。那么为什么这一定只是个梦想呢？原因非常简单：我真实的经历和感知到的事物，我如何来感受和评价事物，是如此隐私和特殊，以至于我们实际上无法告知别人。特别是害怕和恐惧有着自己非常特别的强度，而究竟经历了什么，从外部最多只能猜测。我只能去设想，情况究竟是怎么样的，如果我

第 7 章 集体记忆

也在场的情形下。如果我亲眼见到了世贸中心双塔如何轰然倒下，如果我有亲朋好友置身其中，我会有多么担忧。或者说仅仅是我内心确信：整个世界在我的面前坍塌了，一个时代结束了，充满战争和灾难的世纪终于终结。在那个瞬间，我其实并不能真正理解，也不可能全盘理解从这个事件本身出发一切依赖于它而产生的联想和想象。事件的画面虽然像是会说话一样，但是它无法传递一种内部的视角，更不用说当事人内心的真情实感。言语在这个时候是苍白的，它无法描绘一个事件究竟在我们心中引起了什么样的震撼。即使是我遇到的可怕的事情，当我从身边人的脸上看到了害怕的样子时，我也仅仅能从中看出他们到底有多害怕，却无法了解这种恐惧带给他们多少伤害，又需要怎样才能慢慢抚平。

这里所说的问题简单地说其实就是：我们从来不可能真正进入到别人的脑海里面。语言、画面或者说反思只能是一些试图逼近的方式，不过是没有办法时的办法。打个比方，就像我们戴着厚厚的大棉手套用摸的方式来感知一个东西，如果我们还需要通过一些指尖上的细微触感来判断的话，那一切就都是不可能的了，因为太不精确，太容易出错，最终可能融入了我们太多的假想——实际情形可能跟我们的假想完全相反。哲学家托马斯·内格尔（Thomas Nagel）在 20 世纪 70 年代初将这一问题总结为一个问题："成为一个蝙蝠的时候，感觉是什么样的？"（What Is It Like to Be a Bat？）[1]回答大概是：另外一个人的头脑里面想些什么我们都搞不清楚，就不要说我们去试着了解另外一个物种（还是一个非常陌生的物种）。我们不知道，也永远不会知道（Ignoramus, ignorabimus）。如果说我们根本连可信地进入我们同类的思想和感情的入口都没有，那我们谈集体记忆又有什么意义呢？真实的印象及其相应的强度都只是我的个体感觉，它产生于我的脑海中，也作为我的个体记忆储存下来。如果说让它永远——或者仅以改变形态或是错误百出的方式——再现出来的话，那么储存在集体记忆中的又会是什么东西呢？公共的印象？这究竟是什么呢？

我们可以让我们的思考再进一步：即使存在一种所谓的共同分享的回忆，那么储存这些集体记忆的大脑在哪里呢？实际存在的也仅仅是储存我们每个人个体记忆的储存空间。这样一来集体记忆和我们普通的记忆似乎就没有多少区别了。是不是说，我们自己的记忆过程和公众与记忆打交道的方式之间存在着某种相似性？然而这样的类比对于我们构成个体自身的经历和回忆的东西来说是缺乏基础的，或者换个角度说，它在我们大脑中缺乏生物学基础。集体记忆只是看起来像一个真实的记忆一样，实际上它只是得益于我们这样去称呼它而已。无论如何，它都只能被看成一种随后产生的次级现象，是人类思想中出现的一种人为的现象。

第7章 集体记忆

一个人能真正理解另外一个人吗？

40年来，在解释学上一直存在着关于私密理解的可能性的激烈争论。另外一个人真的可以理解我内心深处的所思、所想、所感吗？我们说得更普遍化一些，我内心深处精神上的东西真的有可能外化以及物化，从而让别人洞悉吗？我们可以认为——当然这是争论发展下去的另外一个话题——意识可以转化成物质吗？或者说，意识与其智识和感受构成了一个自我的世界，而物质则是另外一个世界，而且有可能两者是两个完全对立的世界？

最后从这一争论当中产生出了两种不同的世界观：唯心论（Idealismus）和唯实论（Realismus）。唯心论认为意识构筑起自己的空间，我意识的"我"完全栖居在里面，并且在这个空间中任何有形的、看得见摸得着的东西都是不存在的。因此，唯心论者认为终极的真在于我思并且我以此为真。他们认为，只在第一人称视角中才可以理解真。唯实论者的看法恰恰相反。真和实的东西只能从客观和与之保持距离的科学家的视角去观察，专业术语上叫作从一个第三人称的视角来看。只有以自然科学为榜样可以客观化的洞见才会得到重视，世界上也只有那些可以用物质和机械的原理解释的过程才被认为是真实存在的。纯意识的过程，如果没有地球重力，那就不过是一个神话故事，或者说不过是科学童话，比如后面提到的远程心灵感应。

为了能在这一讨论中有所进展，我们提出两点建议。首先，人们必须要注意的是，在这些讨论的背后不应该有任何神学或者宗教方面的动机，以防把问题进一步复杂化，以致讨论无法进行。这种动机极易出现在当我们追问为什么一个人最终根本无法完全——或者也许根本就不能真正——理解另外一个人的时候。当然，我在我自己的身体之中，体验和评价周围的事物或者我运用我的智识与某个思想打交道本身就是一种很特殊的东西。但是，我们与别人进行交流时总的来说还是可以成功地理解对方的感受以及对方究竟是怎么想的。如果出现了误会，我们也有机会再次追问以便更好地理解对方。

阅读小说，并追随着小说中的"我"的时候，我们其实已经理所当然地认为，在别人身上会发生一些在我们自己身上也会以同样或者类似的方式体验和理解的事情。根本性的疑惑往往只出现在有其他的前提条件介入的时候，比如说宗教的或者神学的某种假设。基督教新教神学中就有类似的假设命题，它认为：有穷的主体相互间是不可能完全真正相互理解的，只有上帝才是唯一无穷的主体，有能力洞悉我们所有作为有穷主体的人。只有上帝才能看到我们的灵魂并对灵魂做出有效的评判。如果真是这样，或者应该是这样的话，那么我们平时列举的最好最有说服力的、能够让我们很好或至

第7章 集体记忆

少令人满意的相互理解的理由，也就无法再令人信服了。

我们的第二点建议则是，从一个新的解释模型出发，并严肃认真地重视大脑网络结构的观念。为什么这种假设能起帮助作用呢？我们只需要再把唯心论和唯实论之间争论的基本问题拿出来，情况就非常明显了。唯实论者认为，我们这个世界的各个组成部分之间只存在着因果关系。按照这个假设，在人脑当中也应该是一个神经元作用于另外一个神经元，最终形成一个相互作用的链条。这个链条反映的也是环绕在我们周围的因果关联。从这个假设出发，就产生了一种因果决定论的观念，也就是说人的行为完全是由因果关系决定的，我们依照一个纯机械的原因结果关系来行事。就好像机械手表中上紧了的发条一样，它给整个齿轮装置施加了力量，于是装置就运动起来，最终带动指针。于是乎人的行为也都应该是可以解释的和可以预见的，前提就是，我们能够处理每天的大量数据信息。

自由还是决定论？唯心论与唯实论的争论最后聚焦在了这里。有关这个问题的文献可谓汗牛充栋，然而最后的结论却仍然莫衷一是。唯实论者坚持人脑最终还是服从因果法则，对此唯心论者的反驳则是，如果我们真这样认为，那么世界上也就不存在最简单形式的自由，即自由选择，比如我们这样做或者那样做的选择权利。无论什么形式，人总是可以有着某种自由。哪怕是很小的事情，人总是可以以一种充满创造力的方式登场亮相，做一回自己的上帝。

和另外一个人的大脑远程心灵感应

一项实验能够为我们提供不少启示。2014年，由哈佛大学神经科学家阿尔瓦罗·帕斯卡尔-莱昂内（Alvaro Pascual-Leone）领导的科学团队成功地进行了一项后来以心灵感应闻名的实验。[2]整个实验的过程如下：通过EEG测量一位被试者的脑电波。被试者要求在实验中想简单的信息如"你好""再见"。获取的EEG数据数字化之后，以电子邮件附件的形式发到几千公里以外。在接收信件的地方，人们把这些数据"翻译"成一系列的闪光。实验人员把这些闪光投影到第二位被试者的视网膜上（选择了视网膜上视野的边缘地带，也就是说，不是我们看得非常清晰的地方）。实验取得了成功，信息被理解了，而且是在一种没有生成任何一种文化产物的状态下被理解的：没有文字、语言、密码符号等，这意味着该实验没有基于任何人造的媒体。只是把脑电波下载，再把相同的脑电波用光信号的方式转换实现出来，就达到了交际的目的。

看起来人们找到了一根对于远程心灵感应来说一直梦寐以求的直接连线。说这根线直接的原因在于，输出和输入的信号不再有别，并且也不需要把要传送的信息转换成别的形式。思维可以以其"源代码"或者"母语"的方式进行传输，这种代码就是脑电波信号，所有的思维都可以通过它表现出来。以前我们依靠语言来表达，而现在我们已经以"内部的言说"为研究的出发点了。并且我们把这种源代码从一个大脑中读出，再直接转移到另外一个大脑中去。简直是神了。

然而有人提出了质疑的声音。首先这个实验距离没有任何信息和感情损失的真正意义上的远程心灵感应还有相当长的路要走；此外，我们也不能说这样的实验在每个方面都是完全科学且毫无瑕疵的。接下来，人们还可以讨论的问题就是，脑电波是不是和语言和图像一样，也是一种媒介；此外，脑电波是不是也会引起我们最私密的认知的解码，与所有媒介一样，我们的思想成为脑电波时也要首先经过一次翻译过程。如果你觉得上述指责都很无聊的话，但至少你还是会认为，用数字化的形式把脑电波记录下来的方式在一定程度上扭曲了信息。

自由还是决定论？

如我们今天就已经能很容易理解的那样，由于我们已经掌握的大量关于人类意识的新知识——按照机械手表的模型——纯因果关系的解释模式已经有些不合适了。因为神经科学方面的研究成果早就显示，一个神经元并不只是对另外一个单一的神经元施加影响。我们了解的情况是，即使只是让一个神经细胞兴奋起来，也总是几个甚至是多个神经元参与的结果。然后我们还已经知道，某一个神经细胞也不总是和同一个神经细胞集群或者同一个大脑网络的其他细胞连接起来，而是有着跨集群和网络的连接。同一个细胞，它既可以参与感知外界，也可以在产生情感的时候起到作用。最终我们认为已经有足够的证据证明，不同的大脑网络结构相互间有着关联，局部网络可以升级成为更高级别的网络。

与唯心论和唯实论之间争论不休的观点不同的是，人们几乎无法清楚地按因果关系来对相应的神经元细胞进行归类。因为因果关系在一个网络结构（其实还是由大大小小的次级网络结构交互互动再构成更高级的网络结构）中是异常复杂的，由多方面的交互影响组成，以至于我们无法用简单的自由还是决定论的二元对立来理解。因此，简单回答这个问题也显得毫无意义。因为从某一个角度上我们确实可以确认，一些神经元能够引发这样或者那样的结果，但是当我们同时考虑到更高的层级时，这种结果可能在另外完全不同的地方引发别的后果——这样的后果处在不同的关联之中，最终导致我们不得不把某个单一的影响链条的出发点（原因）看成是某些更复杂的网络结构施加的影响（结果）。

我们再仔细地审视这个问题就会发现，经典的因果一贯式的链条模型过于简单，并不能真正反映人脑中的实际状况。30多年来，人们已经知道大脑中在细胞层级上的信号传递也并不是一个线性的关系。其生化过程也并非是"A 导致 B"这样的模式，海德堡大学研究这一过程建模的专家乌尔苏拉·库默（Ursala Kummer）这样解释。[3]也就是说，这一过程中并不是简单地释放出某种信息素，并且信息素的释放导致某种反应。实际情况更多的是信息素（比如钾离子）的浓度迅速变化，并发生震荡。说得具体一些就是，真正的信息"既藏在浓度震荡的振幅又藏在频率"中。这样一来，完全不同的信息就可以通过信息素的释放进行传递了。

此外，接收蛋白也不仅只有一个连接点，而是存在多个可以对接信息素的位置。按照这些物质在相应的位置对接的强度不同，就会接收到不同的信号。专业术语将这种连接叫作"合作式连接"（kooperative Bindungen），这种连接还有着反馈效应，因此只是网络结构层级上交互影响的出发点。

更复杂的情况则是，一个网络结构中整体的活动又会反过来影响每个细胞或者某一种类型的细胞的活动，并且这种影响无时不在。[4]即使最简单的感知过程也是呈现网络状的信息的结果。从感知器官接收到并传递过去等待加工的信息也会以反馈的方式监督和建模。[5]

最终，我们可以得出结论：无论是自由还是决定论都只是两种替代选择。它源自我们对于人脑做出机械的因果决定的阐释。相反，如果我们把网络结构看成脑科学研究中符合时代的模型——并且这一假设背景显然也很符合我们当下互联网时代的各种经验——那么自由和决定论不过是网络结构中做出决策的两种极端的形式。自由也好，决定论也罢，都不过是大脑网络结构活动的效应和结果。而自由或是决定论相对应的世界观在解释我们大脑中发生的过程方面其实早就已经过时了。

为什么我们都能想起小红帽的故事，即使我们没有看过这个童话？

我们前面小小地转移了一下话题，为的就是要消除否认集体记忆存在的理论基础上的顾虑。一个个体的记忆是否可以和另外一个个体的记忆对接起来？一个人从根本上说是不是能理解另外一个人，能体会对方的心里到底在想些什么？如果我们相互间在意识上离得如此之近，那么这与我们的自由相容吗？

在谈论完这些基础性的理论问题之后，我们就可以在（理论上）心安理得地来进一步探讨这一现象了。问题的关键在于，集体记忆是怎么构成的，它的运行机制是什么？大约在90年前，法国社会学家莫里斯·哈布瓦赫（Maurice Halbwachs）首先给集体记忆命名。[6]接下来，这一概念在某些方面不断扩展。[7]在此期间，人们先分出了交际记忆[8]，这是指口口相传的记忆内容。再使用文化记忆这个概念，它指那些用书面文本或是其他的信息载体作为记忆支撑传承的东西。交际记忆被认为有着有限的生命——一般来说三至四代人，而文化记忆原则上则可以无限传承下去。

如果要问集体记忆究竟是什么，它具有什么样的结构，我们又要按什么样的模型来构想它，则又有着不同的集体记忆观。哈布瓦赫还认为，在集体记忆中，我们的个体记忆犹如处在一个巨大的乐队之中。记忆本身则可以看成是一段乐章，我们每个人同时去演奏这些乐章。而乐章就是我们整个文化的象征。其他的模型还有从神学的象征出发，在埃及学研究专家扬·阿斯曼（Jan Assmann）看来，一神教的信仰体系可以作为我们集体记忆的象征。[9]开始每个人自己信仰的东西，可以规范化，并用可重复的公式和原则表达出来。在共同说出祈祷话语时，个体记忆就共时化成了一个在其根本内容和共享的事实基础上得以固化的信仰体系。

法国史学家皮埃尔·诺拉（Pierre Nora）认为，我们在集体记忆中总是会来到所谓的特殊记忆场所（lieux de mémoire）中。[10]当某人处在爱国情怀当中，比如正在聆听法国国歌，甚至跟着唱的时候，他就和其他所有同时在做相同的事情的人共同分享集体记忆带来的感动。所以集体记忆和构建政治及民族共同体密切相关。

这里提到的理论框架都还来源于上个世纪，我们至少想要简短地刻画出我们把集体记忆作为一种网络的新的集体记忆观是什么样的。21世纪初以来，我们已经有了多样化的网络平台。我们从一个例子开始讲起。

忆见未来

如果看过德国很火爆的益智类电视节目《谁将成为百万富翁》的话,常常会惊讶于那些参与节目的选手常常能在对所提问题毫无概念,就更不用说知道答案的情况下仍然能选出正确答案来。人们是如何通过猜测和感觉来找到答案的?为什么求助现场观众的提示方式如此有效?为什么主持人通过巧妙的提问和模棱两可的表情游戏能把正确答案透露给选手?

在我们的答题游戏中往往有这样一种情形:假设我们现在询问的是童话故事中的一个细节信息:"在猎人救下了小红帽和她的祖母后,他用什么东西把凶恶的大灰狼的肚子给填了起来?"然后给出了四个答案供选择:A. 铅块;B. 石头;C. 蛋糕;D. 葡萄酒。遗憾的是,选手对《格林童话》知之甚少,手边也没有关于可怜的小红帽的故事。现在只有一个办法,就是冥思苦想,并做出判断,哪个答案看起来是最合理的。从故事的逻辑出发,猎人完全有可能使用铅块把狼的肚子填起来。因为一方面猎人使用铅弹射击,铅很重,然后狼就动弹不得。蛋糕显然可以排除——小红帽的小篮子里面虽然有蛋糕,但那是她带给祖母的东西,所以这显然也不像是一个合适的对狼的惩罚,总不能说给做了这么多坏事的狼吃蛋糕以示嘉奖吧。同样,葡萄酒的选项也应该排除,因为这也是小红帽带给祖母喝的东西。那么只有铅块和石头两个选项成为合理选项,因此在实际答题过程中我们就有一半对一半碰运气的机会了。做决策的时候,

第 7 章 集体记忆

我们是这样来借助集体记忆的：这时候我们追问的不仅是故事本身的逻辑发展是怎么样的，还试图突破文本本身的狭小语境，到更大的语境中去寻找答案。人们在想，在阅读童话并接受了里面的故事后，最终会给我们所有人留下什么东西？这些东西历经漫长的岁月，找到了通往我们人类集体记忆的途径。这样的东西可以在我们日常语用的习语中生根发芽，再现出我们记忆深层的东西。我们今天会说："像一块石头一样堵在胃里"，并不仅仅是指我们吃坏了东西胃部不适，而更多地表示某种伦理原因导致的不适。一个人的心里总有点什么，可能是一个不得不做的决定，也可能是因为职责而必须做的事情，然后心里觉得有些不舒服。伦理道德感刺激到了胃部感受。所以说童话故事喜欢感情的图像。

因此，当我们无计可施的时候，集体记忆还能够给我们提供帮助。特别是那些原本我们并不掌握的知识和信息，集体记忆往往就处在这些知识和信息网络的语境之中，给我们提供支持与帮助。当我们把集体记忆再次代入到原本形成这些记忆的语境中时，它可以从当前的语境反向推出原来的知识和信息。我们从网络中把某个元素摘除，其他与之相关联的元素则可以帮助我们推导出被摘除的信息。这种帮助作用我们可以这样理解，它不仅像传统的信息传递模式，更是在各个生活世界的领域中可以为我们所用的类推能力。记忆相互交织，构成一个网络形态。集体记忆的这种机制不断对记忆

忆见未来

内容进行着评估，这些内容对于个体或者对于群体来说是否重要？这些内容时效性如何，只是当天需要还是永远有效？集体记忆是在不断重塑我们对事物的印象还是使之始终如一？可以说，集体记忆的运作和网络维基百科具有很强的相似性，它总是试图建立起各部分细节信息之间的链接及对全局的总体把握。每天都会有大量新的信息进入，经过整理和加工，它们成为知识的存量。最终集体记忆会给我们武装起"导航"装置，在模糊不清的情况下，我们可以凭借现有的价值评判和权重分配来应对不断更新的信息。

在答题类节目中，主持人扮演的就是"导航"装置的角色，他在答题人过于轻率地做出选择时会提出警告，在答题人过分犹豫不决时又会及时鼓舞，并加以劝导。答题人和场上观众，答题助手和场外专家，以及主持人，所有这些从某种意义上说就是把集体记忆的运作模式可视化地展现在了人们的面前。当我们被问及某个在我们的生活和学习经验不曾涉猎的问题时，集体记忆就会给我们提供帮助。于是乎我们所有人都知道了小红帽的故事，尽管有可能某人在童年时并没有怎么读过这则童话故事。

Das geniale Gedächtnis

第 8 章
人类大脑工程
将来记忆可以上传吗？

我们还一直在探讨如何才能让人的记忆不朽的话题。在前面的章节中我们主要介绍了一些经典的理论模型。本章中,我们试图展望一下未来。经常去看电影的人想来早就已经接触过类似的话题了,当前比较时兴的一种愿景是,人们可以把记忆上传到机器里去,这样就可以防止记忆丢失。2014年由约翰尼·德普(Johnny Depp)主演的电影《超验骇客》(*Transcendence*)就充分展示了这一主题。所有我们学会的通过思维获取的东西都可以数字化后上传到一个巨型的外部储存器里。像电影情节那样,在今后的某个时间点,我们可以重塑身体,再把中转储存的记忆重新下载。也就是说,记忆可以不会因我们生物学上的身体的湮灭而消失,它可以再一次重新回到一个重新构造的载体中去。

显而易见,这只是科幻电影。然而现在确实也已经有了严肃认真的科学研究试图对人脑以及记忆进行数字化处理,并用电脑重新模拟人脑。如同我们在本书的引言中就已经简单提及的那样,目前

第8章 人类大脑工程

为止最为著名的项目就是人类大脑计划（Human Brain Project）。它于2013年启动，从投入来看，目前除了坐落于瑞士的核物理研究的巨型粒子加速器项目以外，任何其他科研项目均无出其右。欧盟总共为该项目提供了11.9亿欧元的资金，超过80家欧洲和全球的科研院所和组织机构参与其中。更加引人注目的还要算上已经在美国进行的一项平行的名为"美国大脑计划"（Brain Initiative）的科研计划，该计划历时十年，每年的预算经费超过3亿美元，也就是说，总经费预算将近40亿美元，而研究的目的只有一个：计算人脑中单个神经元的活动并追溯它们。

美国大脑计划是人类基因组计划（Human Genome Projects）的一项后续计划。在本世纪初，通过人类基因组计划解密了人类遗传基因密码以后，现在需要把人类心灵的密码再度破译。这一研究计划可以说非常具有美国特色，因为它始终致力于发现新的世界和新的大陆。人类大脑地图上最后的一块白地也应该被填补完整，形成一张所谓的谷歌地图一样的东西，能够让我们不断放大以至窥探到人类的心灵当中去。欧洲的人类大脑工程则有着另外的目的。它致力于制造出电子计算机的模型来完全模拟大脑的活动。我们可以将之类比为第一个制造出机械手表的人之匠心，他用巧夺天工的神奇技艺将这个世界的时间进程大致反映出来。而通过人类大脑计划，我们试图弄明白人脑是如何思维的以及整个世界是如何在人脑的观念中整合起来的。看来蓝脑计划（Blue Brain Project）的创始人亨利·马克拉姆（Henry Markram）将企业总部设在瑞士是不无道理的。

　　人类大脑计划的一项子项目于2007年底已经结项。子项目开展之初，人们计划用电脑模拟的方式来仿制大脑中的新皮层柱（neokortikale Säule）。顾名思义，这样的一个柱状结构位于大脑皮层，它的大小相当于一个大头针。人脑中的新皮层柱大约聚集了6万个神经元。因为一开始人们还处于研究的初期，所以采取了比较简化的方式，只是试图模拟一只大鼠的新皮层柱。它大约只含有1万个神经元。不像马克拉姆本人所描述的那样，进一步的措施相对很简单。每个神经元就用一台电脑来代表，然后共有1万多台笔记本电脑放在一起——置于一台大冰箱里面。然后再把它们相互连接起来，观察到底发生了什么。2011年时，人们的工作已经进展到了可以模拟拥有100多万个神经元的100个新皮层柱的相互运作；到2023年，人们希望可以最终实现用电脑模型来模拟人的大脑的全部运行。从整个容量上来看，它大约相当于1 000只大鼠的脑量，如果折算成神经元的话，共含有860亿个神经元。

　　要到那一步，其实还有很长的路要走。不仅仅是参与到大脑运行中的神经元以及突触连接的数量大到天文数字，而且电脑的加工速度和人脑比起来也难以望其项背。2012年时，联网的电脑处理数

第8章 人类大脑工程

据所用的时间仍然是人脑的300倍。也就是说，一秒钟内真实的大脑活动在电脑上模拟完成需要整整5分钟时间。

人类大脑计划还和科研中的伦理以及现实动机密切相关：如果我们可以用电脑程序来进行工作的话，就不必再去进行动物实验。介入人的脑部进行实验或多或少会带来很大的损害风险，而且在伦理道德上存在极大争议。电脑模拟——至少我们可以这样期望——可以提供给我们比较确切的实验结果，因为在实验过程中不会因一些人们事先无法预见的这样或那样的突发事情或者别的什么因素导致的干扰而影响实验结果。在模拟状态下的实验结果不仅更高效更精确，同时也更廉价。

参与到这个计划中的各学科也有着自己各不相同的目标。医学希望借助于人脑的软件程序来更好地评估和预报作为硬件的人脑的各种疾病——这一方面意味着发现疾病，即问题出在哪里，另一方面提前预测病程的发展以及预后的效果。不像现在，还主要依靠观察和等待，看看危害的后果是否出现。

相反，计算机科学和软件设计者则希望通过进一步模拟人脑来缩小当前人工智能和人脑智力之间的差距，从而制造出思考的机器，大大超越纯机器的能力，并像我们长久以来做的那样用灵活和可适应的方式来解决问题。

当然最终也并不都是为了解决实际问题。在理论和哲学层面的基础研究也必须被满足。因此,人类大脑计划也不放弃这一宏大目标,其主页上写着:"这也涉及科学的好奇心"以及"意识"和"人类心灵"等现象。

后来,在研究群体内部围绕着项目的执行和实施也渐渐出现了不同意见。[1]神经生物学家认为自己相对于软件工程师处于不利地位。一方面,项目给传统的神经科学提供的经费支持不足;另一方面,电子计算机专家将研究目的按照他们的需要一改再改。2014年的一封公开信将项目中的意见分歧公之于众。

在我们看来,比起项目的组织协调以及经费分配的困难,更困难的地方在于该项目面临的根本问题,并且项目的组织者也随着项目的实施越来越直面这个问题的挑战。慕尼黑大学理论神经科学系教授、两个学科之间分歧的调停人安德烈亚斯·赫尔茨(Andreas Herz)提出下列质疑:一方面,能否把人脑中的数据成功地转移到电脑中去本身就存在争议,即使这一点可行,人脑中的生理过程也与电脑处理器的工作原理差异过大,以至于该项目预计的目标很难实现或者说根本无法弥合这一差异。另一方面,人们必须要追问,所采取的算法能否是实现研究目的并取得相应研究成果的正确钥匙。这个问题同时在有关大数据的讨论中日益被人们所重视。一定的算法总是在给定的一大堆数据中遴选出一些数据,并从某种相似性中寻找到关联。由于电脑识别出某种模式的前提是建立在一定的数学计算之上，所以问题的根本就是，电脑把什么样的东西当成一个既定的模式。所以说，我们借助于电脑的模拟算法来模仿人脑的思维究竟可不可行是很成问题的，因为有可能我们建立起来的只是电脑认为的模式程序。

蒙娜丽莎的微笑

我们作为本书的作者对此还有一点质疑，这一点质疑最早还要追溯到海德堡马斯硫斯学院的论争，我们两人也想在此对该学院表示感谢。这个涉及了更为根本性问题的质疑可以简短地表述为：当我们的人类大脑计划成功后，我们就得到了一个在功能上与人脑1∶1等价的拷贝。但是我们从这个仿制工作中得到了什么好处呢？对于疾病及其发展进程，我们能有多少更进一步的认识？或者说因此我们就能更好地了解"意识"或者"人的心灵"究竟是什么？

我们举个例子来说明一下这个问题：我们每个人都见过达·芬奇的名画《蒙娜丽莎》。无论是在法国巴黎的卢浮宫中观看过原作，还是哪怕只是在一个设计得比较有艺术气质的意式面条的包装袋上见过这个形象。自从这幅画作诞生以来，人们就一直没有停止讨论蒙娜丽莎的微笑究竟有什么含义。可能从来没有围绕哪一件艺术品有过这么多的讨论，但无论人们试着从哪个角度——艺术史的视角（历史上别的艺术品中曾经出现了如此谜之微笑？）、实证主义的视角

(画中的女模特当时就是这样笑的）还是深层心理分析的视角（画家不过是把自己内心的女性的东西表达了出来）——来回答这个问题，都无法给出让所有人满意的解释。

于是乎我们现在想出一个主意，制作一份蒙娜丽莎的复制品，企图进一步揭示出微笑的秘密。问题就来了，我们现在更好地理解这幅画了吗？我们能更好地解读画中主人公微妙的面部表情了吗？和以前一样，她依然向我们露出谜之微笑，而无论我们从哪个角度去看，这幅画依然像以前一样神秘。

同样地，人类大脑计划中我们有可能无法在理解人脑的问题上取得任何进步，如果我们把理解一个东西定义为在科学的意义上满足高要求地去言说它。一份复制品什么也解释不了，它仅仅只是复制了原来那个东西。我们对着人脑的复制品提出的问题和我们原先面对人脑提出的问题没有什么不同，只是把原来的问题重复了一遍而已。即使我们的努力成功，用十年左右的时间完全实现电脑对人脑的模拟，我们不过是又回到了研究的原点。面对复制品，我们会再次从先前对作为本体的人脑时所做的研究开始。

不过我们也不禁觉得，直接拒绝这种模型策略是不是也过于武断？因为我们想了解清楚一样东西的时候，如果能深入地看上一眼，并且了解一下它的运转肯定是有很大帮助的。其实这个问题早在300多年前就由伟大的哲学家莱布尼茨提出过。莱布尼茨不仅是哲学家,还是出色的数学家,他和牛顿同时揭示了微积分学的奥秘。同他那个年代的很多人一样,他对于计算机也抱有兴趣,当然那个时代的计算机还是完全建立在模拟过程之上的,但也已经能够做出非常了不起的事情了。然而,莱布尼茨却并不像周围人那样那么醉心于从计算机的机械运算程序中发现某种神圣的东西——简单齿轮结构理性组合而成的永恒规律。尽管莱布尼茨认为从模拟式计算机中寻找某种意识上的东西的想法很独树一帜,却并不认为通过简单地打开计算机观察其中的运行就能够找到精神性的东西。

莱布尼茨通过一个很简单的例子来说明自己的观点。因为你只要想象一下,你还从来没有见过一个风车磨坊。它就在山水之间,风车的叶子在风中转动,一切都如画般美好。然后你走近磨坊,打开门,往里面看。能看见什么呢?木柱、轮子、传动系统、齿轮、灰尘,还能听到木头之间发出的吱呀声。这时候,你会对风车磨坊更加了解吗?问题的关键当然在于,你只有事先已经知道或者稍稍对整个有着独特机械结构的装置有所了解,观察之后才会对此有更为深入的认识。也就是说,我首先要有最基本的认识,要知道什么是风车磨坊,然后我才能认出它来。然而如果我只是往里一看,目之所及的则只是轮子和传动装置,它们并不能给我解开问题的钥匙,我也无法理解整个组合是如何运转起来的。[2]

现在我们把莱布尼茨的观点反过来拿到脑科学研究上就会发现,

这正切中了我们正在讨论的问题。即使我们借助于一个1：1的模型完全可以看到人类意识的内部活动，我们也仍然无法理解意识究竟是什么，除非我们本来就知道它是什么。就如同磨坊中的传动装置只能告诉我们这里面是个磨坊一样，在笔记本之间进行的数据交换也不过告诉我们它们代表了神经元之间的连接，而更高层次的意义和作用对我们来说却仍然是个谜。对于我们研究计划的出发点来说，最终我们并没有获得任何新的认识。如果我们对于神经元兴奋的本质没有更进一步的认识的话，从本质上来说，即使我们用计算机的方式再精确地模拟这种兴奋的行为都于事无补。

在我们讨论的最后，必须要深刻反思的就是，人类大脑计划这样的科研项目是否首先不过是个面子工程，还是说大量的科研经费真正地投到了实处。人类孜孜以求什么是精神以及意识的本质是什么的问题是不可能通过这种方法来解决的。原因很简单，因为这样的问题并不能通过做实验来解决。如我们刚刚介绍的那样，我们必须首先要搞明白，我们所理解的精神是什么，才能搞清楚它究竟有什么能力。

如果说人们有着更加实用一些的目的，就会进一步追问，是否一些更小规模的科研项目更有利于得出有益的结果。对于科学研究来说，越集中于单个的小问题，越能够出成果。我们也必须要考虑，是不是精心协调起来的一系列小课题最终能够得到范围更广、用益更大的结论。最有可能的愿景在于，电子计算机科学最终实现了自己的目标，我们渐渐逼近了能够用机器来读取人类记忆的可能性。可以想象的是，当我们能够把所有的记忆储存起来，然后有朝一日再转换到另外一个存储介质中去，世界将会怎样？然而我们对自己以及对读者们提出的问题却是：我们需要这样吗？如果人类像睡美人一样沉睡多年后再突然醒来，面对一个一切都已经变化的世界，而他自己还活在过去会怎么样？我们想生活在一个个体意识不再死亡、灵魂永远不朽的世界里吗？这些都是令人紧张而又不安的问题，对此可以再另外写一本新书了。

Das geniale Gedächtnis

结语
精巧的记忆在未来将如何？

本书的漫漫长路即将结束，最后留下了我们的记忆将何去何从的问题。前面已经提过，今天已经出现的乌托邦正努力尝试让我们的记忆不朽。美国情景喜剧《生活大爆炸》（*The Big Bang Theory*）当中的主人公谢耳朵就决心节食和运动，为了能够活到让自己的记忆和智商高达187的大脑找到新的载体的那一天。谷歌发展部主任雷·库兹维尔（Ray Kurzweil）同样梦想着人类能够"克服生物学的屏障"[1]，并指出大约在2045年就能够成功实现这一梦想。他同时还预测，我们可以以机器人的形态向外太空进发。在那里我们可以去河外星系定居并和远方的外星文明进行接触。其他的声音则要更具批判性一些。前面提到的电影《超验骇客》就提到了，如果人类真的可以按上面描述的这种方法来进行改造，则会引发社会问题。而所谓的黑色乌托邦的题材则最迟自《终结者》（Terminator）电影开始成为话题，并且同白色乌托邦一样令人印象深刻。

结语 精巧的记忆在未来将如何？

这些愿景是令人不安，还是令人放心，完全取决于你从哪个角度去看它。我们现在却想再一次回到那个当下以及今后一段时间很迫切同时又是我们在科学研究中切实面对的问题：今天，我们的记忆将面临什么样变化了的挑战以及我们如何才能更好地应对它。这种挑战的出发点在于我们今天所面临的技术文化，而这绝对不是在写科幻小说。

我们先举个例子：昨天，伦敦的一位出租车司机还要把城市地图熟记于心，他要认识 25 000 条马路，背熟 20 000 个景点，以便取得出租车司机的执照。有非常可信的科学研究表明，出租车司机的海马体容积确实大于常人。而今天，一部智能手机就可以轻松将导航问题一下子解决掉。昨天的一位学者还必须通过多年学习才能掌握大量知识从而从事艰深的理论研究，今天有着网络超文本格式的百科全书已经能够快速地把知识提供给人们。每个在维基百科时代成长起来的学生都会发现，很多那些在过去的旧教科书上作为一个需要学习的知识点存在的东西今天已经不再需要背诵了。网络百科全书已经为我们准备了可靠的依托。与此同时，我们的日常生活也大大变化了。只要想想现在随手拍摄的自拍照，它可以产生于任何一个契机。人与人的相遇被记录下来，到别的地方去游玩也被记录下来。所有那些我们过去凭记忆记住的东西，今天都拍照记录了。

忆见未来

我们这里列举了很多新的发展趋势，诚然，人们可以用批判的眼光来看待其中的一些。我们也会感慨，今天的年轻人不用再背诵诗歌，我们也可以追问，我们过度依赖导航究竟是好是坏（如果有一天网络坏了，我们将怎么办？）。人们当然也惊讶于现在人们去参加聚会的时候最终只是互相拍照和互相拍摄视频，然后就各自回家。生活中，有些东西丧失了，很多东西令人生疑，而有些发展趋势我们可能永远不会懂。

不过对于记忆来说，我们这里要谈的是另外的问题。借助于技术进步的辅助，我们的记忆面临着一个前所未有的局面。在外部存储系统的帮助下，记忆传统的储存任务已经减轻了，并且拥有了更大的自由空间。记忆可以专注于其他的领域，那么其他的领域是什么呢？

在本书中我们说过，要从一个更广泛的语境中来理解记忆。这意味着，它不仅是一个数据的存储器，而且还是我们生活的规划者。在新的技术发展背景下，记忆能够更多地给我们提供帮助。我们再来看看导航的例子：在导航的问题上，重要的不再是我们要能回忆起从 A 地到 B 地怎么走，重要的问题是，我们如果到达了 B 地以后，都可以干些什么？规划道路的精力可以节省下来用于考虑接下来做什么。

同样，我们接触知识点的接口也与以往不同了，网络型的百科

结语 精巧的记忆在未来将如何？

全书让我们面对新的形势。所以说，我们不再需要把知识整合在一起，而是更多地需要对已有的知识进行阐释。记忆不再是收集事实性知识的地方，我们需要记忆来进行评估。有了知识，我们现在首要的是要知道如何去运用这些知识。就像我们新的自拍文化一样，自拍帮助我们记录，事后，我们不用再担心事实性的东西，我们也无须去回想当时都有谁来了，以及当时干了些什么。我们运用记忆能力不再是为了重构过去发生的某件事情，而是以此为出发点来进一步考虑下一次的见面应该如何。

我们已经多角度地了解了记忆在规划、阐释和加工中所起的作用。记忆——在每个自由的分分秒秒中，从白日梦到夜晚梦境中——已经在规划着图景，告诉我们当下的行为接下来应该怎么继续。记忆也就成了所谓的未来实验室，它能从已经经历过的事件中整合出有用的对未来的预言。如果我们最后要用一句话来总结归纳记忆的核心任务，它就在于形成具有自我简历意义的或大或小的未来的愿景。从已有的经历出发，进行全面的阐释，给予我们自我实现的机会。如果我们在一段日子过去以后还能够成功地从过去的日子中认出我们自己，那么我们就可以说记忆成功地帮助了我们。我们可以说，那就是当时的我们，我们当时那样做了，无论我们当时面临多么错综复杂或是多么模糊不清的情况。

最后我们想说的是，也正是在当下的这种互动式文化中，我们

忆见未来

比以往任何时候都更能把记忆看成是陪伴我们度过一生的朋友，它能够用创造性的阐释帮助我们在芜杂的环境中找到出路。并且我们懂得，精巧的记忆就是从过去当中为我们构筑未来。

注 释

引言

1. W.B. Scoville, B. Milner, »Loss of recent memory after bilateral hippocampal lesions«, in: J. Neurol. Neurosurg. Psychiatry 20 (1957), S. 11–21.
2. I. Kant, Kritik der Urteilskraft, § 46, B 182/A 180.
3. A. Augustinus, Bekenntnisse (Confessiones) XI, 14, im Original: »Quid est ergo tempus? Si nemo a me quaerat, scio; si quaerenti explicare velim, nescio«.
4. Aristoteles, »Über Gedächtnis und Erinnerung« (»De memoria et reminiscentia«), in: Kleine naturwissenschaftliche Schriften (Parva naturalia), 450 b 1–11.

第1章

1. 这一表述可以追溯到 D.O. Hebb, The Organization of Behaviour. A neuropsychological theory, Mahwah/N.J. 1949/2002, S. 62: »When an axon of cell A is near enough to excite B and repeatedly or persistently takes part in firing it, some growth process or metabolic change takes place in one or both cells such that A's efficiency, as one of the cells firing B, is increased.«此后，脑科学家卡拉·乔·莎兹（Carla Jo Shatz）又把这句话缩减为：“共同兴奋的神经连接在一起”：»Cells that fire together wire together«, C. Shatz, »The Developing Brain«, in: Scientific American 267 (1992), S. 60–67, Zitat S. 64.
2. T.V. Bliss/T.Lomo, »Long-lasting potentiation of synaptic transmission in the dentate area of the anaesthetized rabbit following stimulation of the perforant path«, in: J. Neurol. Neurosurg. Psychiatry, 20 (1957), S. 11–21.
3. J. Lisman/R. Yasuda/S. Raghavachari, »Mechanisms of CaMKII action in long-term potentiation«, in: Nat. Rev. Neurosci. 13 (2012), S. 169–82.

4. A. J. Granger/R. A. Nicoll, »Expression mechanisms underlying long-term potentiation: a postsynaptic view, 10 years on«, in: Philos. Trans. R. Soc. Lond B. Biol. Sci. (2013) 369 (1633).
5. D. M. Kullmann, »The Mother of All Battles 20 years on: is LTP expressed pre- or postsynaptically?« J. Physiol. 590 (2012), S. 2213–2216.
6. D. B. Chklovskii/B. W. Mel/K. Svoboda, »Cortical rewiring and information storage«, Nature 14 431 (2004), S. 782–788.
7. 渐渐地，人们可以肯定的是，新学到的东西经历或长或短的时间就会转移到别的脑区当中，并且在那里作为长期记忆储存起来。但是这些内容在海马体中的中转时间有多长还不清楚。Vgl. P. Alvarez/L. R. Squire, Memory consolidation and the medial temporal lobe: a simple network model«, in: Proc. Natl. Acad. Sci. USA 91 (1994), S. 7041–7045.
8. 读者们不必为模式（Schemate）这个词在这里用了复数形式而感到惊讶。我们只是接受了康德的认知理论中的这个表达。模式即是诸概念的时间化。
9. C. M. Alberini, »Mechanisms of memory stabilization: are consolidation and reconsolidation similar or distinct processes?«, in: Trends Neurosci. 28 (1) (2005), S. 51–56.; vgl. weiter: H. P. Davis/L. R. Squire, »Protein synthesis and memory: a review«, in: Psychol. Bull. 96 (1984), S. 518–59.
10. K. Nader/G. E. Schafe/J. E. LeDoux, »Fear memories require protein synthesis in the amygdala for reconsolidation after retrieval«, in: Nature 406 (6797) (2000), S. 722–726.
11. 本文中的语境请比较：T. Amano/C. T. Unal/D. Paré, »Synaptic correlates of fear extinction in the amygdala«, in: Nature Neuroscience 13 (2010), S. 489–494.
12. Vgl. N. C. Tronson/J. R. Taylor, »Molecular mechanisms of memory reconsolidation«, in: Nat. Rev. Neurosci. 8 (4) (2007), S. 262–275; sowie dies., »Addiction: a drug induced disorder of memory reconsolidation«, in: Current Opinion in Neurobiology 23 (4) (2013), S. 573–580.
13. A. Reiner/E. Y. Isacoff, »The Brain Prize 2013: the optogenetics revolution«, in: Trends Neurosci. 36 (2013), S. 557–560.
14. 人们应用不同频率的光，用以激活不同的细胞群体，vgl. N. C. Klapoetke/Y. Murata/S. S. Kim/St. R. Pulver/A. Birdsey-Benson/Y. K. Cho/T. K. Morimoto/A. S. Chuong/E. J. Carpenter/Z. Tian/J. Wang/Y. Xie/Z. Yan/Y. Zhang/B. Y. Chow/B. Surek/M. Melkonian/V. Jayaraman/M. Constantine-Paton/G. Ka-Shu Wong/E. S. Boyden, »Independent optical excitation of distinct neural populations«,

in: Nature Methods 11 (3) (2014), S. 338–346.
15. J.Y. Lin/P.M. Knutsen/A. Muller/D. Kleinfeld/R.Y. Tsien, »ReaChR: a red-shifted variant of channelrhodopsin enables deep transcranial optogenetic excitation«, in: Nature Neuroscience 16 (10) (2013), S. 499–1510.
16. M. Folcher/S. Oesterle/K. Zwicky/T. Thekkottil/J. Heymoz/M. Hohmann/M. Christen/M. Daoud El-Baba/P. Buchmann/M. Fussenegger, »Mind-controlled transgene expression by a wireless-powered optogenetic designer cell implant«, in: Nature Communications (2014), S. 1–11.
17. X. Liu/S. Ramirez/P. T. Pang/C. B. Puryear/A. Govindarajan/K. Deisseroth/S. Tonegawa, »Optogenetic stimulation of a hippocampal engram activates fear memory recall«, in: Nature 484 (2012), S. 381–385.
18. A.R. Garner/D.C. Rowland/S.Y. Hwang/K. Baumgaertel/B.L. Roth/C Kentros/M. Mayford, »Generation of a synthetic memory trace«, in: Science 335 (6075) (2012), S. 1513–1516.
19. C.M. Gray/W. Singer, »Stimulus-specific neuronal oscillations in orientation columns of cat visual cortex«, in: Proc. Natl. Acad. Sci. U S A 86 (1989), S. 1698–1702.
20. P. Fries/D. Nikolić/W. Singer, »The gamma cycle«, in: Trends Neurosci. 30 (2007), S. 309–316.
21. J.E. Lisman/G. Buzsáki, »A neural coding scheme formed by the combined function of gamma and theta oscillations«, in: Schizophr. Bull. 34 (2008), S. 974–980.
22. J.E. Lisman/M.A. Idiart, »Storage of 7 +/- 2 short-term memories in oscillatory subcycles«, in: Science 267 (1995), S. 1512–1515.
23. G.A. Miller, »The Magical Number Seven, Plus or Minus Two: Some limits on Our Capacity for processing Information«, in: The Psychological Review 63 (1956), S. 81–97.
24. M. Bartos/I. Vida/P. Jonas, »Synaptic mechanisms of synchronized gamma oscillations in inhibitory interneuron networks«, Nat. Rev. Neurosci. 8 (1) (2007), S. 45–56. R.D. Traub/I. Pais/A. Bibbig/ Fiona/E.N. LeBeau/E.H. Buhl/Sh.G. Hormuzdi/H. Monyer/M.A. Whittington, »Contrasting roles of axonal (pyramidal cell) and dendritic (interneuron) electrical coupling in the generation of neuronal network oscillations«, in: Proceedings of the National Academy of Sciences of the United States of America, 100 (3) (2003), S. 1370–1374. Vgl. J. Cardin/M. Carlén/K. Meletis/U. Knoblich/F. Zhang/K. Deisseroth/L.-H. Tsai/Ch.I. Moore, »Driving

fast-spiking cells induces gamma rhythm and controls sensory responses«, in: Nature 459 (2009), S. 663–668.
25. Vgl. S. G. Hormuzdi/I. Pais/F. E. LeBeau/S. K. Towers/A. Rozov/E. H. Buhl/M. H. Whittington/H. Monyer, »Impaired electrical signaling disrupts gamma frequency oscillations in connexin 36-deficient mice«, in: Neuron 9 (2001); S. 487–495.
26. S. Melzer/M. Michael/A. Caputi/M. Eliava/E. C. Fuchs/M. A. Whittington/H. Monyer, »Long-range-projecting GABAergic neurons modulate inhibition in hippocampus and entorhinal cortex«, in: Science 335 (2012), S. 1506–1510.
27. 在这里还必须提到2003年逝世的埃伯哈特·布尔（Eberhard Buhl）所做的先期工作起到了指明道路的作用。布尔的思考是正确的，然而只是没有能够找到正确的技术方法来助其实现寻找大脑中远程节拍器的突破。

第2章

1. 从醒的状态到睡眠的状态的这个过渡阶段被人们称为"入睡"（Hypnagie），这个词是由古希腊语的hypnos（睡眠）和agein（行动，导致）合成而来的。它是指一种能够将人带入梦乡或者使人进入睡眠状态的东西。文学作品中不乏对它的描写，特别是浪漫派文学作品中。埃德加·爱伦·坡（Edgar Allan Poe）就认为这种状态中存在着灵感的源泉。19世纪以来的科学研究工作尝试着用实验的方法来逼近这一状态。新近一些研究渐渐使人们相信了一个非常突出的事情，即在这里既缺乏叙述的内容，又没有自我的参与。 Vgl. D. Vaitl/N. Birbaumer/J. Gruzelier/G. A. Jamieson/B. Kotchoubey/A. Kübler/D. Lehmann/W. H. Miltner/U. Ott/P. Pütz/G. Sammer/I. Strauch/U. Strehl/J. Wackermann/T. Weiss, » Psychobiology of altered states of consciousness«, in: Psychological Bulletin 131, 1 (2005), S. 98–127.
2. Vgl. P. McNamara/D. McLaren/K. Durso, »Representations of the Self in REM and NREM Dreams«, in: Dreaming 17, 2 (2007), S. 113–126.
3. 这一研究的先驱者是1960年代早期的威廉·迪蒙特（William Dement）以及此后的戴维·福克斯（David Foulkes）。Vgl. D. Foulkes, A Grammar of Dreams, Hassocks/Sussex 1978. Zu dem Fragenkomplex insgesamt vgl. M. Solms, »The neuropsychology of dreams. A clinico-anatomical study«, Mahwah 1997.
4. Vgl. H. Suzuki/M. Uchiyama/H. Tagaya/A. Ozaki/K. Kuriyama/S. Aritake/K. Shibui/X. Tau/Y. Kamei/R. Kuga, »Dreaming during nonrapid eye movement sleep in the absence of prior rapid eye movement sleep«, in: SLEEP 27, 8 (2004), S. 1486–1490.
5. Vgl. R. Manni, »Rapid Eye Movement Sleep, Non-rapid Eye Movement Sleep, Dreams, and Hallucinations«, in: Curr. Psy-

注 释

chiatry Rep. 7 (3) (2005), S. 196-200; vgl. ebenfalls P. McNamara P. Johson/D.McLaren/E. Harris/C. Beauharnais/S. Auerbach, »REM and NREM Sleep Mentation«, in: International Review of Neurobiology 92 (2010), S. 69-86.

6. 这种研究开始于1924年。耶拿的神经学家汉斯·贝尔格纳（Hans Bergner）是测量脑波的第一人，并且他从脑波中找到了"有规律的波形"，并于1930年8月，Kosmos杂志当年第8期第291页上陈述了这一结果。

7. 快速眼动（REM）和梦境行为之间的相关性于1953年被大学生尤金·阿瑟林斯基（Eugene Aserinsky）和他的导师纳塔尼尔·克莱特曼共同发现。

8. J. O'Keefe/J. Dostrovsky, »The hippocampus as a spatial map. Preliminary evidence from unit activity in the freely-moving rat«, in: Brain Res. 34 (1971), S. 171-175.

9. C. Pavlides/J. Winson, »Influences of hippocampal place cell firing in the awake state on the activity of these cells during subsequent sleep episodes«, in: J. Neurosci. 9 (1989), S. 2907-2918; vgl. auch M. A. Wilson/B. L. McNaughton, »Reactivation of hippocampal ensemble memories during sleep«, Science 265 (1994), S. 676-679; vgl. weiter W. E. Skaggs/B. L. McNaughton, »Replay of neuronal firing sequences in rat hippocampus during sleep following spatial experience«, in: Science 271 (1996), S. 1870-1873; vgl. zuletzt H. S. Kudrimoti/C. A. Barnes/B. L. McNaughton, »Reactivation of hippocampal cell assemblies: effects of behavioral state, experience, and EEG dynamics«, in: J. Neurosci. 19 (1999), S. 4090-4101.

10. Th. J. Davidosn/F. Kloosterman/M. A. Wilson, »Hippocampal Replay of Extended Experience«, in: Neuron (63) (2009), S. 497-507.

11. G. Girardeau/K. Benchenane/S. I. Wiener/G. Buzsáki/M. B. Zugaro, »Selective suppression of hippocampal ripples impairs spatial memory«, in: Nat. Neurosci. 12 (2009), S. 1222-1223; vgl. auch V. Ego-Stengel/M. A. Wilson, »Disruption of ripple-associated hippocampal activity during rest impairs spatial learning in the rat Hippocampus«, in: Hippocampus 20 (2010), S. 1-10.

12. J. O'Neill/B. Pleydell-Bouverie/D. Dupret/J. Csicsvari, »Play it again: reactivation of waking experience and memory«, in: Trends Neurosci. 33 (5) (2010), S. 220-229.

13. M.P Karlsson/L. M. Frank, »Awake replay of remote experiences in the hippocampus«, in: Nat. Neurosci. 12 (7) (2009), S. 913-8.

14. A. C. Singer/L. M. Frank, »Rewarded outcomes enhance reactivation of experience in the hippocampus«, in: Neuron 64 (2009), S. 910-921.

15. Vgl. K. Diba/G. Buzsáki, »Forward and reverse hippocampal place-cell sequences during ripples«, in: Nature Neuroscience 10 (2007), S. 1241–1242. Vgl. Auch: D.J. Foster/M.A. Wilson, »Reverse replay of behavioural sequences in hippocampal place cells during the awake state«, in: Nature 30 (2006), S. 680–683.
16. R.L. Buckner, »The role of the hippocampus in prediction and imagination«, in: Annu. Rev. Psychol. 61 (2010), S. 27–48: vgl. auch A.S. Gupta/M.A. van der Meer/D.S. Touretzky/A.D. Redish, »Hippocampal replay is not a simple function of experience«, in: Neuron 65 (5) (2010), S. 695–705; vgl. zuletzt B.E. Pfeiffer/D.J. Foster, »Hippocampal place-cell sequences depict future paths to remembered goals«, in: Nature 497 (7447) (2013), S. 74–79.
17. Vgl. E. Husserl, Vorlesungen zur Phänomenologie des inneren Zeitbewusstseins, Tübingen 1980, §§12 und 24.
18. 对我们的记忆进行整合的现象的研究看起来是多么新奇而令人惊叹，然而实际上早在1900年的时候就有了相关研究的发端。G.E. 米勒（G.E. Müller）和A. 皮尔茨克（A. Pilzecker）在其论文《记忆学说的实验研究》中阐述了这一概念，载: Zeitschrift für Psychologie I, S. 1–300. 关于深度睡眠中的记忆整合应该如何理解的问题，也即是说它能为我们规划日常生活做出什么样的贡献的问题，参考当前的研究: J. Born/I. Wilhelm, »System consolidation of memory during sleep«, in: Psychol. Res. 76 (2) (2012), S. 192–203.
19. S. Llewellyn/J.A. Hobson, »Not only ... but also: REM sleep creates and NREM Stage 2 instantiates landmark junctions in cortical memory networks«, in: Neurobiology of Learning and Memory 122 (2015), S.69–87.
20. 于是乎人们在长时间的思考之后还是表达了一定的怀疑，我们在刚醒的那一刻对于梦境的回忆是否仅取决于醒来的瞬间。也就是说，所有的梦中的事情都可以追根溯源为一个事后形成的想象。Vgl. Petra Gehring, Traum und Wirklichkeit: Zur Geschichte einer Unterscheidung, Frankfurt am Main/New York 2008.
21. 有关静息态网络近30年来的研究综述，参见: R.L. Buckner/J.R. Andrews-Hanna/D.L. Schacter, »The Brain's Default Network«, in: Annals of the New York Academy of Sciences 1124, (2008),S. 1–38. 此外，还有学者强调了梦中经历和白日梦之间的平行性，参见: K.C.R. Fox/S. Nijeboer/E. Solomonova/G.W. Domhoff/K. Christoff, »Dreaming as mind wandering: evidence from functional neuroimaging and first-person content reports«, in: Frontiers in Human Neuroscience, (7) 412, (2013), S. 1–18.
22. A. Horn/D. Ostwald/M. Reiser/F. Blankenburg, »The structural-

functional connectome and the default mode network of the human brain«, in: NeuroImage 15 (2014), S. 142–151.
23. A. E. Cavanna, »The precuneus and consciousness«, in: CNS Spectrums 12 (7) (2007), S. 545–552.
24. P. Maquet/P. Ruby/A. Maudoux/G. Albouy/V. Sterpenich/T. Dang-Vu/M. Desseilles/M. Boly/F. Perrin/P. Peigneux/S. Laureys, »Human cognition during REM sleep and the activity profile within frontal and parietal cortices: a reappraisal of functional neuroimaging data«, in: Progress in Brain Research, 150 (2005), S. 219–227, bes. S. 225.
25. J. Panksepp, Affective Neuroscience: The Foundations of Human and Animal Emotions, New York 1998.
26. J. A. Hobson/R. W. McCarley, »The brain as a dream state generator: An activation-synthesis hypothesis of the dream process«, in: America Journal of Psychiatry, 134 (12) (1977), S. 1335–1348. Vgl. auch J. A. Hobson, The dreaming brain, New York 1988 und ders., Sleep, San Francisco 1989.
27. Vgl. S. R. Palombo, Dreaming and memory: A new information processing model, New York 1978, und ders., »Can a computer dream?«, in: Journal of the American Academy of Psychoanalysis, 13 (1985), S. 453–466.
28. F. Crick/G. Mitchison, »The function of dream sleep«, in: Nature 304 (1983), S. 111–114.
29. Vgl. dies., »REM sleep and neural jets«, in: Journal of Mind and Behaviour 7 (1986), S. 229–249.

第3章

1. U. Voss/A. Hobson, »What is the State-of-the-Art on Lucid Dreaming? Recent Advances and Questions for Future Research«, in: Th. Metzinger/J. M. Windt (Hg.), Open MIND, (38) (2015), Frankfurt am Main, S. 1–20, Zitat S. 17. Weitere grundlegende Literatur findet sich bei St. LaBerge, Lucid Dreaming, Los Angeles 1985; P. Tholey, Empirische Untersuchungen über Klarträume, in: Gestalt Theory 3 (1981), S. 21–62; B. Holzinger, »Lucid dreaming – dreams of clarity«, in: Contemporary Hypnosis 26 (4) (2009), S. 216–224.
2. U. Voss/C. Frenzel/J. Koppehele-Gossel/A. Hobson, »Lucid dreaming: an age-dependent brain dissociation«, in: J Sleep Res. 21 (2012), S. 634–642.
3. 与清醒梦中人们可以按约定转动眼睛不同的是，在这个时候，眼动只是从上到下的运动。

4. U. Voss/R. Holzmann/A. Hobson/W. Paulus/J. Koppehele-Gossel/A. Klimke/M. A. Nitsche, »Induction of self awareness in dreams through frontal low current stimulation of gamma activity«, in: Nat. Neurosci. 17 (2014), S. 810–812.
5. Vgl. Bericht in der *FAZ* vom 13.12.2010: »Trainingswissenschaft – Stabhochsprung im Schlaf«, zugänglich im Internet: http://www.faz.net/aktuell/sport/mehr-sport/trainingswissenschaft-stabhochsprung-im-schlaf-11085668/daniel-erlacher-hat-sich-der-11087806.html, abgerufen am 19.04.2015; vgl. auch M. Schredl/D. Erlacher, »Lucid dreaming frequency and personality«, in: Personality and Individual Differences (37) (2004), S. 1463–1473.
6. Vgl. Voss/Hobson, a. a. O., S. 16.
7. F. Nietzsche, Vom Nutzen und Nachtheil der Historie für das Leben, in: ders., Kritische Studienausgabe, hg. G. Molli/M. Mollinari, München 1980, Bd. 1, S. 249.
8. H. Plessner, Die Stufen des Organischen und der Mensch. Einleitung in die philosophische Anthropologie, Berlin 1975, S. 364 ff.
9. M. Heidegger, Sein und Zeit, Tübingen 1984 (im Original 1927), S. 267.
10. Vgl. V. Sommer, Lob der Lüge. Täuschung und Selbstbetrug bei Tier und Mensch. München 1992.
11. Vgl. K. McGregor Hall, »Chimpanzee (Pan troglodytes) gaze following in the informed forager paradigm: analysis with cross correlations«, in: Psychology & Neuroscience Thesis, St. Andrews 2012; vgl. weiter: R. W. Byrne, »Deception: Competition by Misleading Behavior«, in: M. D. Breed/J. Moore (eds.), Encyclopedia of Animal Behavior, volume I, Oxford (2010), S. 461–465, hier S. 463 ff. und zuletzt: J. Call/M. Tomasello, »Does the chimpanzee have a theory of mind? 30 years later«, in: Trends in Cognitive Sciences 12 (5) (2008) S. 187–192.
12. Vgl. noch einmal den Bericht in der FAZ vom 13.12.2010.

第 4 章

1. D. L. Schacter/K. A. Norman/W. Koutstaal, »The cognitive neuroscience of constructive memory«, in: Annu. Rev. Psychol. 49 (1998), S. 289–318.
2. B. Zhu et al., »Individual differences in false memory from misinformation: Cognitive factors«, in: Memory 18 (5) (2010), S. 543–555.

3. B. Melo/Gordon Winocur/M. Moscovitch, »False recall and false recognition: An examination of the effects of selective and combined lesions to the medial temporal lobe/diencephalon and frontal lobe structures«, in: Cognitive Neuropsychology 16 (3–5) (1999), S. 343–359.
4. Vgl. I. M. Cordón/M. E. Pipe/L. Sayfan/A. Melinder/G. S. Goodman, »Memory for traumatic experiences in early childhood«, in: Developmental Review 24 (1) (2004), S. 101–132.
5. E. Tulving, »Episodic Memory: From Mind to Brain«, in: Annual Review of Psychology (53) (2002), S. 1–25, hier S. 4. An der zitierten Stelle auch Verweise auf weiterführende Literatur.
6. E. Loftus, »Planting misinformation in the human mind: A 30-year investigation of the malleability of memory«, in: Learning & Memory, 12 (4) (2005), S. 361–366.
7. J. S. Simons/H. J. Spiers, »Prefrontal and medial temporal lobe interactions in long-term memory«, in: Nature Reviews Neuroscience 4 (2003), S. 637–648.
8. Vgl. K. A. Braun/Rh. Ellis/E. L. Loftus, »Make My Memory: How Advertising Can Change Our Memories of the Past«, in: Psychology & Marketing 19 (1) (2002), S. 1- 23.
9. P. L. St Jacques/D. L. Schacter, »Selectively enhancing and updating personal memories for a museum tour by reactivating them«, in: Psychol. Sci. 24 (4) (2013), S. 537–543.
10. R. L. Buckner/D. C. Carroll, »Self-projection and the brain. Trends«, in: Cognitive Science (11) (2007), S. 49–57; D. Hassabis/E. A. Maguire, »The construction system of the brain«, in: Philos. Trans. R. Soc. B. Biol. Sci. (364) (2009), S. 1263–1271.
11. Vgl. J. Okuda/T. Fujii/H. Ontake/T. Tsukiura/K. Tanji/K. Suzuki/R. Kawashima/H. Fukuda/M. Itoh/A. Yamadori, »Thinking of the future and past : the roles of the frontal pole and the medial temporal lobes«, in: Neuroimage (19) (2003), S. 1369–1380.
12. D. R. Addis/D. L. Schacter, »Constructive episodic simulation: temporal distance and detail of past and future events modulate hippocampal engagement«, in: Hippocampus (18) (2008), S. 227–237.
13. D. R. Addis/L. Pan/M. A. Vu/N. Laiser/D. L. Schacter, »Constructive episodic simulation of the future and the past: distinct subsystems of a core brain network mediate imaging and remembering«, in: Neuropsychologia (47) (2009), S. 2222–2238.
14. Y. Okada/C. Stark, »Neural Processing Associated with True and

False Memory Retrieval«, in: Cognitive, Affective, and Behavioral Neuroscience 3 (4) (2003), S. 323–334.
15. N. A. Dennis/C. R. Bowman/S. N. Vandekar, »True and phantom recollection: an fMRI investigation of similar and distinct neural correlates and connectivity«, in: Neuroimage 59 (3) (2012), S. 2982–2993.

第5章

1. M. Proust, À la recherche du temps perdu, hg. von J.-Y. Tadié, Paris 1987, Gallimard, Bibliothèque de la Pléiade, Bd. 1, S. 49 ff.
2. D. A. Wilson/R. J. Stevenson, »The fundamental role of memory in olfactory perception«, in: Trends in Neurosciences, 26 (5) (2003), S. 243–247.
3. J. Willander/M. Larsson, »Smell your way back to childhood: Autobiographical odor memory«, in: Psychonomic Bulletin & Review 13 (2) (2006), S. 240–244.
4. Y. Yeshurun/H. Lapid/Y. Dudai/N. Sobel, »The Privileged Brain Representations of First Olfactory Associations«, in: Current Biology 19 (2009), S. 1869–1874.
5. L. Cahill/J. L. McGaugh, »Mechanisms of emotional arousal and lasting declarartive memory«, in: TINS 21 (1998), S. 294–299.
6. H. Eichenbaum/T. H. Morton/H. Potter/S. Corkin, »Selective olfactory deficits in case H. M.«, in: Brain 106 (1983), S. 459–472.
7. Vgl. dazu besonders: R. S. Herz/J. Eliassen/S. Beland/T. Souza, »Neuroimaging evidence for the emotional potency of odor-evoked memory«, in: Neuropsychologia (42) (2004), S. 371–378.
8. Vgl. R. S. Herz/T. Engen, »Odor memory: Review and analysis«, in: Psychonomic Bulletin & Review (3) (1996), S. 300–313.
9. G. M. Zucco, »Anomalies in cognition: olfactory memory«, in: Europ. Psychol. 8 (2007), S. 77–86.
10. J. A. Mennella/C. P. Jagnow/G. K. Beauchamp, »Prenatal and postnatal flavor learning in human infants«, in: Pediatrics 107 (2001), S. 1–6. Vgl. ebenso R. Haller, »The influence of early experience with vanillin on food preference later in life«, in: Chem. Senses 24 (1999), S. 465–467.
11. Vgl. H. Lawless/T. Engen, »Associations to olders: interference, mnemonics and verbal labeling«, in: J. Experimental. Psychol. Hum. Learn. and Mem. 3 (1977), S. 52–59.
12. W. Benjamin, Kleine Geschichte der Photographie (1931), in: ders., Gesammelte Schriften, Bd. II, Frankfurt am Main 1977,

S. 378.
13. S. Maren, »Neurobiology of Pavlovian Fear Conditioning«, in: Annu. Rev. Neurosc. 24 (2001), S. 897–931.
14. C. M. McDermott/G. J. LaHoste/C. Chen/A. Musto/ N. G. Bazan/ J. C. Magee, »Sleep deprivation causes behavioral, synaptic and membrane excitability alterations, operations in hippocampal neurons«, in: J. Neurosc. 23 (2003), S. 9687–9695.
15. J. E. Dunsmoor/V. P. Murty/L. Davachi/E. A. Phelps, »Emotional learning selectively and retroactively strengthens memories for related events«, in: Nature (21) (2015), S. 1–13.
16. K. Nader/G. E. Schafe/J. E. LeDoux, »Fear memory requires protein synthesis in the Amygdala for reconsolidation after retrieval«, in: Nature 406 (2000), S. 722–726.
17. Vgl. D. Schiller/M.-H. Monfils/C. M. Raio/D. C. Johnson/J. E. LeDoux/E. A. Phelps, »Preventing the return of fear in humans using reconsolidattion update mechanism«, in: Nature (463) (2010), S. 49–53, hier S. 50.
18. Y.-X. Xue/Y.-X. Luo/P. Wu/H.-S. Shi/Li-Fen Xue/C. Chen/W. L. Zhu/Z.-B. Ding/Y. P. Bao/J. Shi/D. H. Epstein/Y. Shaham/L. Lu, »A Memory Retrieval-Extinction Procedure to Prevent Drug Craving and Relapse«, in: Science 336 (2012), S. 241–245.

第 6 章

1. M. Korte, Jung im Kopf. Erstaunliche Einsichten der Gehirnforschung in das Älterwerden, München 2013, 3. Auflage, S. 42.
2. E. Goldberg, The New Executive Brain: Frontal Lobes in a Complex World, Oxford 2009, Kapitel 6.
3. 与不同的老龄化相关的研究参见：vgl. E. Goldberg/D. Roediger/N. E Kucukboyaci/C. Carlson/O. Devinsky/R. Kuzniecky/E. Halgren/T. Thesen, »Hemispheric asymmetries of cortical volume in the human brain«, in: Cortex 49 (1), (2013), S. 200–210, sowie: F. Dolcos/H. J. Rice/R. Cabeza, »Hemispheric asymmetry and aging: right hemisphere decline or asymmetric reduction«, in: Neuroscience & Biobehavioral Reviews 26 (7) (2002), S. 819–825; vgl. weiter: G. Goldstein/C. Shelly, »Does the right hemisphere age more rapidly than the left?«, in: Journal of Clinical Neuropsychology 3(1) (1981), S. 65–78.
4. Vgl. E. Goldberg/O. Sacks/A. Viala, Die Regie im Gehirn: Wo wir Pläne schmieden und Entscheidungen treffen, Kirchzarten bei Freiburg 2002.

5. 有关大脑左右半脑区分的解剖学和功能性的区别的论争部分地存在认识上的争议。有关解剖学方面的研究请比较: J.A. Nielsen/B.A. Zielinski/M.A. Ferguson/J.E. Lainhart/J.S. Anderson, »An Evaluation of the Left-Brain vs. Right-Brain Hypothesis with Resting State Functional Connectivity Magnetic Resonance Imaging«, in: PLOS ONE 8 (8) (2013); 关于功能性的区别请参见: E. Nikolaeva/V. Leutin, Functional brain asymmetry: myth and reality: Psychophysiological analysis of the contradictory hypotheses in functional brain asymmetry, Saarbrücken 2011.
6. S. Ballesteros/G.N. Bischof/J.O. Goh/D.C. Park, »Neurocorrelates of conceptual object priming in young and older adults: An event-related functional magnetic resonance imaging study«, in: Neurobiol. Aging 34, (2013) S. 1254–1264.
7. A. Osorio/S. Ballesteros/F. Fay/V. Pouthas, »The effect of age on word-stem cued recall: a behavioral and electrophysiological study«, in: Brain Research 1289 (2009), S. 56–68. Vgl. auch: M. Sebastian/J.M. Reales/S. Ballesteros, »Aging effect event-related potentials and brain oscillations: A behavioral and electrophysiological study using haptic recognition memory task«, in Neuropsychologia 49 (2011), S. 3967–3980.
8. Vgl. D. Draaisma, Die Heimwehfabrik. Wie das Gedächtnis im Alter funktioniert, Berlin 2009.
9. H. Hesse, Gedichte, Gesammelte Werke Bd. 1, Frankfurt am Main 1987, S. 119.
10. F. Nottebohm, »Neuronal replacement in the adult brain«, in: Brain Research Bulletin 57 (2002), S. 737–749. Der Arbeit von Nottebohm gingen Studien von Joseph Altman voran, die bereits 1962 von einer Neurogenese bei Nagern ausgingen. Seinerzeit wurden diese Studien aber noch kontrovers diskutiert.
11. P.S. Erikson/K. Perfilieva/T. Björk-Eriksson/A.-M. Alborn/C. Nordborg/D.A. Peterson/F.H. Gag, »Neurogenesis in the adult human hippocampus«, in: Nat. Med. 4 (1998), S. 1313–1317.
12. H. Van Paarg/G. Kempermann/F.H. Gage, »Running increases cell proliferation and neurogenesis in the adult mouse dentate gyrus«, in: Nat. Neurosci. 2 (1999), S. 266–270.
13. T. Ngandu/J. Lehtisalo/A. Solomon/E. Levälahti/S. Ahtiluoto/R. Antikainen/L. Bäckmann/T. Hänninen/A. Jula/T. Laatikainen/J. Lindström/F. Mangialasche/T. Paajanen/S. Pajala/M. Peltonen/R. Rauramaa/A. Stigsdotter-Neely/T. Strandberg/J. Tuomilehto/H. Soininen/H. Kivipelto, »A 2 year multidomain intervention of diet,

exercise, cognitive training, and vascular risk monitoring versus control to prevent cognitive decline in at-risk elderly people (FINGER): a randomised controlled trial«, in: The Lancet 385, No. 9984 (2015) S. 2255–2263.
14. M.P. Mattson, »Lifelong brain health is a lifelong challenge: From evolutionary principles to empirical evidence«, in: Aging Research Reviews, 20 (2015), S. 37–45.
15. M.W. Voss/C. Vivar/A.F. Kramer/H. van Praag, »Bridging animal and human models of excercise-use brain plasticity«, Trends Cogn. Sci. 17 (2013), S. 525–544.
16. J. Lee/W. Duan/M.P. Mattson, »Evidence that brain derived-neurotrophic factor is required for basal neurogenesis and mediate, in part, the enhancement of neurogenesis by dietry restriction in the hippocampus of adult mice«, in: J. Neurochem. 82 (2002), S. 1367–1375.
17. 至少在脚注中提及，定期的运动和学习能够释放出一种特殊的物质，它对于记忆的修复工作至关重要。这是一种蛋白质分子，称作脑源性神经营养因子，缩写为：BDNF。这一因子在大脑中对我们来说尤为重要，它可以在海马体中刺激神经的生长。它首先由汉斯·忒能（Hans Thoenen）和伊夫-阿兰·巴德（Yves-Alain Barde）发现。
18. 关于"成就惊人的大器晚成者"的话题，埃克霍侬·哥德堡（Elkhonon Goldberg）在他的《智慧方程式：您如何在上了年纪之后仍然可以不断获取新的智力》一书的"历史上的老龄和聪明的头脑"章节中进行了概述。
19. D. Kehlmann, Die Vermessung der Welt, Reinbek bei Hamburg 2005, S. 96f.
20. G. Strobel, »In Revival of Parabiosis, Young Blood Rejuvenates Aging Microglia, Cognition«, in: Alzforum 5. Mai 2014, zugänglich unter: http://www.alzforum.org/news/conference-coverage/revival-parabiosis-young-blood-rejuvenates-aging-microglia-cognition.
21. T. Wyss-Coray et al., »The ageing systemic milieu negatively regulates neurogenesis and cognitive function«, in: Nature 477 (2011), S. 90–94; A. Bitto/M. Kaeberlein, »Rejuvenation: It's in Our Blood«, in: Cell Metab. 20 (1) (2014), S. 2–4; A. Laviano, »Young Blood«, in: The New England Journal of Medicine 371 (2014), S. 573–575.
22. Vgl. C. Haas/A.Y. Hung/M. Citron/D.B. Teplow/D.J. Selkoe, »beta-Amyloid, protein processing and Alzheimer's disease«, in: Arzneimittelforschung 45 (3A) (1995), S. 398–402; H.V. Vinters, »Emerging concepts in Alzheimer's disease«, in: Annu. Rev. Pathol. 10 (2015), S. 291–319; H. Zempel/E. Mandelkow, »Lost

after translation: missorting of Tau protein and consequences for Alzheimer disease«, in: Trends Neurosci. 37 (12) (2014), S. 721–732; zur neuesten Entwicklung in der Erforschung der Risikofaktoren vgl. D.M. Michaelson, »APOE Ɛ4: the most prevalent yet understudied risk factor for Alzheimer's disease.«, in: Alzheimers Dement. Nov; 10 (06) (2014), S. 861–868.

第7章

1. Th. Nagel, »What is it like to be a Bat?«, in: The Philosophical Review 83 (4) (1974). S. 435–445.
2. C. Grau/R. Ginhoux/A. Riera/T.L. Nguyen/H. Chauvat/M. Berg/J.L. Amengual/A. Pascual-Leone/G. Ruffini, »Conscious Brain-to-Brain Communication in Humans Using Non-Invasive Technologies«, in: PLOS ONE, 19 (2014), zugänglich unter: http://journals.plos.org/plosone/article?id=10.1371/journal.pone.0105225
3. U. Kummer, »Die Melodie macht die Musik. Um das Konzert des Lebens zu verstehen, muss sich die wissenschaftliche Denkweise ändern«, zugänglich unter der Webadresse: http://www.uni-heidelberg.de/presse/ruca/ruca08-2/die.html.
4. St. L. Bressler/V. Menon, »Large-scale brain networks in cognition: emerging methods and principles«, in: Trends in Cognitive Sciences 14 (6) (2010), S. 277–290.
5. Vgl. beispielsweise mit Blick den Geruchssinn: A. Menini (Hg.), The Neurobiology of Olfaction, Boca Raton 2010, Kapitel 12.
6. M. Halbwachs, La mémoire collective, Paris 1997, Albin Michel.
7. 关于发展和趋势的详尽综述请参见: J.K. Olick/V. Vinitzky-Seroussi/D. Levy (Hg.), The Collective Memory Reader, Oxford 2011.
8. H. Welzer, Das kommunikative Gedächtnis. Eine Theorie der Erinnerung, 3. Auflage, München 2011.
9. Vgl. J. Assmann, Das kulturelle Gedächtnis: Schrift, Erinnerung und politische Identität in den frühen Hochkulturen, München 2013.
10. P. Nora (Hg.), Les Lieux de mémoire, Paris 1997, Gallimard, 3 Bde.

第8章

1. Vgl. *Süddeutsche Zeitung* vom 2.5.2015, S. 33.
2. Vgl. G.W. Leibniz, Monadologie § 17. Bei Leibniz geht es in seinem Mühlenbeispiel um Fragen der Wahrnehmung.

结语
1. R. Kurzweil, The Singularity Is Near: When Humans Transcend Biology, London 2006.

DAS GENIALE GEDÄCHTNIS: Wie das Gehirn aus der Vergangenheit unsere Zukunft macht by Hannah Monyer and Martin Gessmann

9783813506907

Simplified Chinese Translation copyright © 2017 by China Renmin University Press Co., Ltd.

© 2015 by Albrecht Knaus Verlag, a division of Verlagsgruppe Random House GmbH, München, Germany

Copyright licensed by Hannah Monyer and Martin Gessmann arranged with Andrew Nurnberg Associates International Limited

All Rights Reserved.

赢者思维
——欧洲最受欢迎的思维方法
【新西兰】克里·斯帕克曼 著
傅明 傅饶 译

如何调整思维,为实现目标提供巨大驱动力?

如何充分利用大脑的情感系统,激发我们内在的潜能?

如何挖掘价值观的力量,为成功助力?

本书是新西兰著名神经学家克里的力作。克里曾获得创造性思维大奖。他在脑神经系统领域潜心研究多年,总结出了一套思维训练的方法,帮助许多运动员成为世界冠军,也使许多普通人获得了斐然成就。

学会创新
——创新思维的方法和技巧
【英】罗德·贾金斯 著
肖璐然 译

本书是训练和培养创新思维的极佳读物。中央圣马丁学院著名的创造力导师罗德·贾金斯在本书中,研究了世界上许多创造力大师是如何思考的,他将他们的思考方式提炼出来,并用很多案例,来帮助读者掌握创新思维的方法和技巧。

创新并不是专属于某些人的权利,它与我们的生活息息相关,在互联网时代,创新更是赋予我们的人生无限可能。学习本书中的思维方式,抓住机会,面对更好的未来!

创业清单
——从 PPT 到 IPO 的 25 步
【美】戴维·罗斯 著

桂曙光 译

本书是有"天使教父""硅巷元老"之称的戴维·罗斯手把手创业指南。戴维 45 年前就开始创业,自己是一位成功的连续创业者,被称为"全球最成功的企业家"之一。同时,他投资了上百家公司,帮助过成千上万的创业者成功。

从打磨商业模式、了解竞争对手,到打造梦幻团队、合理分配股权,戴维将自己一生的经验融入本书中,给创业者提供一站式的创业清单,让创业者获得从 PPT 到 IPO 的强大智慧支持!

京北投资创始合伙人桂曙光领衔翻译,李竹、魏法军、肖军、孙陶然等创投圈大佬鼎力推荐!

热点
——引爆内容营销的 6 个密码
【美】马克·舍费尔 著

曲秋晨 译

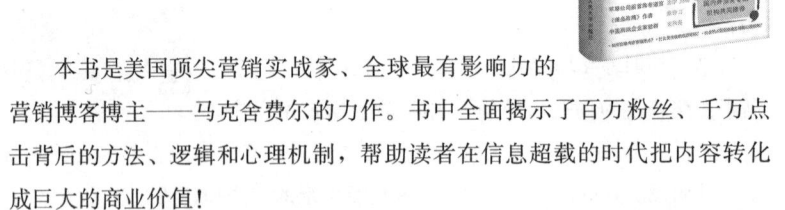

本书是美国顶尖营销实战家、全球最有影响力的营销博客博主——马克舍费尔的力作。书中全面揭示了百万粉丝、千万点击背后的方法、逻辑和心理机制,帮助读者在信息超载的时代把内容转化成巨大的商业价值!

盖伊·川崎、金错刀、正和岛、李伟、韩牧、成甲等国内外知名人士和创业者共同推荐!

给予者
——只有给予者才能成功运营社群
【美】朱迪·罗宾奈特 著

张大志 译

如何接触和获得高级别的人脉关系？
每段牢固的人脉三个最重要的因素是什么？
如何构建强大的人脉关系网？

美国人脉女王和"超级给予者"，揭示连接人脉网络和社会资本不可不知的法则。

首席内容官
——解密英特尔全球内容营销
【美】帕姆·狄勒 著

孙庆磊 译

社交媒体时代，每个公司都需要一位"总编辑"。

如何组建和管理内容营销团队？
如何制定跨界的内容营销战略？
如何创作有效的内容吸引顾客？
如何发现被忽视的受众连接点？

英特尔全球营销战略总裁解读"首席内容官"成功之道。

极简工作 Ⅰ
——工作中的断舍离，效率提高 20%
【德】约根·库尔兹　著

王瑞琪　译

　　本书是德国家喻户晓的效率专家约根·库尔兹写给职场人士的作品，长期雄踞德国《金融时报》畅销榜榜首，职场效率类销售冠军，更新至第七版畅销不衰！

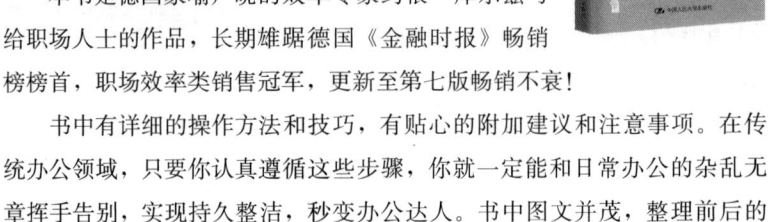

　　书中有详细的操作方法和技巧，有贴心的附加建议和注意事项。在传统办公领域，只要你认真遵循这些步骤，你就一定能和日常办公的杂乱无章挥手告别，实现持久整洁，秒变办公达人。书中图文并茂，整理前后的效果一目了然，让你有立马动手实践的冲动。

极简工作 Ⅱ
——打败拖延和焦虑，从整理电脑开始
【德】约根·库尔兹　著

王梦哲　译

　　本书是德国家喻户晓的效率专家约根·库尔兹写给职场人士的作品，是一本风靡欧洲的效率手册，帮助读者应对信息爆炸，享受从容人生！

　　在数字化办公时代，大量待处理的邮件、不断累积的任务、持续增长的信息量，是我们在办公时遇到的最头疼的问题。本书介绍了很多方法和技巧，以及注意事项，帮助读者处理成堆的邮件，维护数据秩序，泰然自若地面对爆炸的信息！